热带高效农业
知识产权成果转化

欧阳欢　曾宗强　张小燕　主编

中国农业科学技术出版社

图书在版编目（CIP）数据

热带高效农业知识产权成果转化 / 欧阳欢，曾宗强，张小燕主编 . -- 北京：中国农业科学技术出版社，2021.12
ISBN 978-7-5116-5651-3

Ⅰ . ①热… Ⅱ . ①欧… ②曾… ③张… Ⅲ . ①热带—农业技术—知识产权—成果转化—研究—中国 Ⅳ . ① S-12

中国版本图书馆 CIP 数据核字（2021）第 263410 号

责任编辑	姚　欢
责任校对	马广洋
责任印制	姜义伟　王思文

出 版 者	中国农业科学技术出版社
	北京市中关村南大街 12 号　邮编：100081
电　　话	（010）82106631（编辑室）（010）82109704（发行部）
	（010）82109702（读者服务部）
传　　真	（010）82106631
网　　址	http://www.CASTP.cn
经 销 者	各地新华书店
印 刷 者	北京捷迅佳彩印刷有限公司
开　　本	185 mm×260 mm　1/16
印　　张	14
字　　数	300 千字
版　　次	2021 年 12 月第 1 版　2021 年 12 月第 1 次印刷
定　　价	98.00 元

《热带高效农业知识产权成果转化》
编委会

内容摘要

随着知识经济和经济全球化深入发展，知识产权日益成为国家发展的战略资源和国际竞争力核心要素，成为建设创新型国家重要支撑和掌握发展主动权的关键。知识产权运营工作是推动知识产权价值实现、促进经济创新发展的一个关键环节。热带高效农业知识产权成果转化平台的建设与完善架起了热带高效农业创新成果与市场之间的桥梁，支撑和促进了经济发展和产业结构升级。

本书基于我国新时代引领科技创新驱动战略、乡村振兴战略、知识产权强国战略实施，结合全国知识产权运营服务体系建设重点城市实践，系统梳理知识产权成果转化背景与意义、有关概念与政策制度，分析农业知识产权成果转化现状，并以中国热带农业科学院为例，探讨其构建热带高效农业知识产权成果转化体系、转化平台做法，展现新时代热带高效农业、新品种、新技术、新产品、新材料、新装备、新模式等知识产权成果，提升热带高效农业知识产权成果转化能力，以期为我国知识产权成果转化平台构建与运营提供借鉴与依据，助力我国知识产权运营服务体系建设，推动知识产权创造向高质量发展。

前　言

随着知识经济和经济全球化深入发展，知识产权日益成为国家发展战略资源和国际竞争力核心要素，成为建设创新型国家的重要支撑和掌握发展主动权的关键。发达国家以创新为主要动力推动经济发展，充分利用知识产权制度维护其竞争优势。知识产权作为科技成果向现实生产力转化的重要桥梁和纽带，激励创新的基本保障作用更加突出。

知识产权运营工作是推动知识产权价值实现、促进经济创新发展的一个关键环节。2008 年，国务院发布《国家知识产权战略纲要》，这是指导中国知识产权事业发展的纲领性文件，是中国运用知识产权制度促进经济社会全面发展的重要国家战略。2017 年，财政部、国家知识产权局联合发布《关于开展知识产权运营服务体系建设工作的通知》，在全国选择若干重点城市，支持开展知识产权运营服务体系建设。截至 2020 年 12 月，财政部、国家知识产权局已批准全国知识产权运营服务体系建设重点城市共 4 批 37 个，批复支持建设的知识产权运营平台（中心）16 家，从而在全国范围构建起规范化、市场化的知识产权运营服务体系，促进知识产权市场价值充分实现，支撑区域经济高质量发展。

农业知识产权也是我国创新发展、知识强国战略的重要组成部分。2013 年1 月，农业部、科技部、知识产权局联合出台了《关于进一步加强农业知识产权工作的意见》，大力促进农业知识产权的创造和运用。"十三五"时期，现代农业建设取得重大进展，新时代脱贫攻坚目标任务如期完成，乡村振兴实现良好开局。"十四五"是巩固和拓展脱贫攻坚成果、全面推进乡村振兴、加快农业农村现代化的关键时期。近年来，我国农业知识产权在数量不断增加的同时，质量也在逐渐提升。然而，我国农业知识产权转化水平并不理想，大量的农业知识产权成果被束之高阁。解决这一问题的关键是加快农业知识产权成果转化，有效解决目前农业发展瓶颈，实现农业生产的现代化需求。因此，深入研究农业知识产权成果转化制度与模式，促进农业科技成果有效转化，提升我国农业国际竞争力意义深远。

高等院校和科研院所是国家创新体系的重要组成部分，也是创新成果产出的重要源头，加强知识产权成果转化体系构建是实现高等院校和科研院所高质量发展的重要保障，是推进创新成果转化的关键举措。建设行业领域知识产权成果转化平台，着力打通知识产权创造、运用、保护、管理、服务全链条，对提升高等院校和科研院所知识产权综合能力，提高创新资源的市场化配置效率，促进创新链、产业链、资金链、政策链深度融合，加快推进创新成果向现实生产力转化，带动行业高质量发展，激发全社会创新活力，推动构建新发展格局具有重要的作用。热带高效农业知识产权成果转化平台的建设与完善架起了热带高效农业创新成果与市场之间的桥梁，支撑和促进了经济发展和产业结构升级。

本书基于我国新时代引领科技创新驱动战略、乡村振兴战略、知识产权强国战略实施，以及科技事业发展"四个面向"的指导思想和行动指南，结合全国知识产权运营服务体系建设重点城市海口市的实践，系统梳理知识产权成果转化背景和意义、有关概念与政策制度，分析农业知识产权成果转化现状，并以中国热带农业科学院为例，探讨其构建热带高效农业知识产权成果转化体系、转化平台做法，展现新时代热带高效农业中的新品种、新技术、新装备、新产品、新材料、新模式等知识产权成果，提升热带高效农业知识产权成果转化能力，以期为我国知识产权成果转化平台构建与运营提供借鉴与依据，助力我国知识产权运营服务体系建设，推动知识产权创造向高质量发展。

本书是在海口市国家知识产权运营服务体系建设资金——知识产权成果转化平台项目"热带高效农业知识产权成果转化平台"等研究成果基础上完成的，也是海南自贸港现代农业智库成果。本书的选题、论证过程得到张以山、李开绵等领导和专家的宝贵意见和指导，同时在组织材料过程中参阅相关书刊，收集了有关知识产权管理部门和从事知识产权研究人员撰写的素材，得到了海口市知识产权局、中国热带农业科学院机关部门、院属单位同事的支持和帮助。在此，谨向上述领导及所有为本书提供资料的同仁表示衷心感谢！

书中难免存在缺点和不足，恳请各位读者提出宝贵意见，以便更好地推进我国农业知识产权成果转化平台的建设与发展。

编　者

2021 年 10 月

目　录

第一章
知识产权成果转化背景与意义

一、实施知识产权成果转化的背景

随着经济科技全球化进程的逐渐加快，国与国之间的竞争已经转变为知识产权的竞争，国家核心战略的知识产权已然成为国家创新驱动发展的核心驱动力。近年来，我国经济在新常态的背景下，经济发展已出现增速放缓，结构调整的趋势。转型升级成为国民经济发展的新基调。进入新发展阶段，推动高质量发展是保持经济持续健康发展的必然要求，创新是引领发展的第一动力，知识产权作为国家发展战略性资源和国际竞争力核心要素的作用更加凸显。

21 世纪以来，欧、美、日等发达国家和地区相继制定和实施了知识产权保护和运用战略，将知识产权应用与科技创新、经济发展紧密结合，因而高水平有效运用知识产权，不仅成为诸多国家科研和创新政策的重点，也成为完善知识产权转化制度体系，提高知识产权转化效率的立足点。在这种大背景下，国家大力倡导创新创业，并出台了一系列法律法规、政策措施支持高等院校和科研院所的科技成果转化，以期让创新科技成果为我国经济、社会发展提供持续动力。

为适应时代需求，2015 年 8 月《中华人民共和国促进科技成果转化法》（修订版）的正式颁布，在顶层设计上提出加快知识产权转化为现实生产力，规范知识产权的转化活动，加快科学技术进步，使知识产权能够更好地服务社会进步及经济建设。2015 年 12 月，国务院印发《国务院关于新形势下加快知识产权强国建设的若干意见》，强调要构建知识产权运营服务体系，加快建设全国知识产权运营公共服务平台；推动高等院校、科研院所建立健全知识产权转移转化机构；支持探索知识产权创造与运营的众筹、众包模式，促进"互联网＋知识产权"融合发展。2016 年 12 月，国务院印发《"十三五"国家知识产权保护和运用规划》，强调要打通知识产权创造、运用、保护、管理和服务的全链条，严格知识产权保护，加强知识产权运用，提升知识产权质量和效益，扩大知识产权国际影响力，加快建设中国特色、世界水平的知识产权强国。2020年3月，中共中央、国务院印发《关于构建更加完善的要素市场化配置体制机制的意见》，明确提出强化知识产权保护和运用，支持重大技术装备、重点新材料等领域的自主知识产权市场化运营。2021年9月，中共中央、国务院印发《知识产权强国战略纲要（2021—2035年）》，描绘出我国加快建设知识产权强国的宏伟蓝图，要求要打通知识产权创造、运用、保护、管理和服务全链条，建设制度完善、保护严格、运行高效、服务便捷、文化自觉、开放共赢的知识产权强国，为建设创新型国家和社会主义现代化强国提供坚实保障。2021年10月，国务院印发《"十四五"国家知识产权保护和运用规划》，强调要全面提升知识产权创造、运用、保护、管理和服务水平，深入推进知识产权国际合作，促进建设现代化经济体系，激发全社会创新活力，有力支撑经济社会高质量发展。

近年来，国家知识产权局不断强化对知识产权运营服务体系建设指导，强化对农业知识产权工作的指导，强化对创新主体的知识产权工作分类指导。2013—2016年相继出台了高等院校和科研院所知识产权管理规范国家标准，推动高等院校和科研院所建立知识产权管理体系，以强化管理能力建设促进创新主体知识产权质量提升和效益运用。2013年1月，联合农业部、科技部出台了《关于进一步加强农业知识产权工作的意见》，旨在提升农业领域的专利、商标、版权、植物新品种权以及农产品地理标志等农业知识产权创造、运用、保护和管理能力，大力促进农业知识产权的创造和运用，进一步推动农业知识产权事业健康发展，为农业农村经济持续发展提供有力支撑。2017年4月，联合财政部出台了《关于开展知识产权运营服务体系建设工作的通知》，在全国选择若干重点城市，支持开展知识产权运营服务体系建设，促进知识产权市场价值充分实现，支撑区域经济高质量发展。2020年2月，联合教育部、科技部，面向高等院校出台了《关于提升高等学校专利质量促进转化运用的若干意见》；2021年3月，联合中国科学院、中国工程院和中国科协，面向科研院所出台了《关于推动科研组织知识产权高质量发展的指导意见》，旨在推动高等院校和科研院所全面加强知识产权保护和运用，更好地服务科技工作者，充分发挥知识产权激励科技创新、保障成果权益、支撑治理体系的制度性作用，推动高等院校和科研院所高质量发展。

新形势下，知识产权转化工作的机遇和挑战并存，在政策法律等宏观环境助力情况下，转化工作传统管理理念和方式也遭遇挑战，高等院校和科研院所在发挥知识产权转化带来经济效益和社会效益的同时，需要逐步过渡形成知识产权转化工作的创新管理理念。因此，我国高等院校和科研院所在分析知识产权转化工作影响因素的同时，也需要尽快探索建立相匹配的知识产权转化制度、转化模式和转化平台，将专业化的知识产权管理理念落地，从而满足经济社会发展对知识产权转化工作的需求。

二、促进农业知识产权成果转化的意义

增强自主创新能力，建设创新型国家，是中央做出的具有全局战略意义的重大决策。实施知识产权强国战略，加快知识产权成果转化，回应新技术、新经济、新形势对知识产权制度变革提出的挑战，加快推进农业知识产权改革发展，全面提升我国农业知识产权综合实力，大力激发全社会创新活力，增强我国农产品在国际上的竞争优势，扩大农业高水平对外开放，实现农业更高质量、更有效率、更加公平、更可持续、更为安全的发展，满足人民日益增长的美好生活需要，具有重要意义。

第一，有助于提高农业知识产权成果转化水平，促进农业产业结构调整、升级。

知识产权成果转化的重要保障是知识产权的创造和保护，实际上是知识产权成果市场化运营的过程，重点是市场化运营。但是，目前我国的知识产权运营管理很大程度上还停留在保护阶段，知识产权的运营水平较低，而农业知识产权成果的市场化运营发展则更为缓慢。农业知识产权转化本身存在着对象多元化、过程复杂、转化周期长、自然风险高、投资收益慢等特点，使农业知识产权成果转化效率不高。同时，农业知识产权成果转化本身没有得到足够的重视，从而进一步限制了科学技术在农业生产实践中的作用发挥，无法为农业现代化生产发展提供有效的科技支持。

第二，有助于提高我国农业产业科学技术水平，增强我国农业国际市场竞争力。

虽然，我国是一个农业大国，但是距离农业强国还有很长的一段路要走。我国传统的农业生产方式科技含量低，形式粗放，使农产品市场价值较低，消耗资源，影响环境，在国际市场上只能承担代加工，无法深入深加工领域。由于农产品科技含量不高且收益低，从而导致我国农业产业在国际市场上没有竞争优势。因此，实现农业知识产权成果转化，增加农业产业科技含量，不仅能够增加农产品附加值，还能有效地推进农业产业结构升级，提升农业产业的国际竞争力。同时，还能够实现农民增产、增收，统筹城乡发展，缩小城乡差距，有效解决"三农"问题，推动乡村振兴。

第三，有助于提高高等院校和科研院所知识产权成果转化水平，带动行业高质量发展。

政府是制度创新的主体，企业是技术创新的主体，高等院校和科研院所是知识创新的主体，只有科技创新才能推动经济发展，而知识产权市场化运营是构成国家科技创新体系的一项关键环节，是现代化国家和地区飞速发展的重要杠杆。截至2018年年底，我国处于权利有效状态的专利数量达160.2万件，有效专利实施率52.6%，高等学校、科研院所专利实施率分别为12.3%和30.6%，低于西方国家水平。一个很重要的原因是，高等院校和科研院所与企业技术需求部门之间存在信息不对称现象。同时，大量高等院校和科研院所的科技成果，无法直接得到应用，转化为实际社会生产力。此外，科技成果仅作为科

学研究者的知识产物，并不能与实际市场需求相匹配，科技成果与最终用户端仍然存在诸多阻碍。主要存在以下几个方面：

一是创新成果转化制度不配套，导致"转不顺"。包括知识产权代理、评估、交易等在内的全链条缺乏完善的法律指导，造成一些优质的知识产权成果难以在短时间内顺利转化。有必要结合知识产权的全链条，尤其是打通知识产权成果转化"最后一公里"的需要，对现有知识产权实施配套制度进行调整完善，以减少知识产权成果转化过程中的阻力，使更多的优质资源能够集中到知识产权成果转化领域，从而真正发挥知识产权功能。

二是创新成果产权保护不到位，导致"转不好"。当前阻碍高等院校和科研院所创新成果转化的很大一部分原因，不是创新成果本身的科技质量和商业应用价值低，而是与创新成果配套的知识产权质量低。高等院校和科研院所缺乏知识产权运营专业人才，科研人员在科研创新时缺乏必要的专利保护意识，不掌握基本的专利保护策略，容易造成核心技术流失。

三是创新成果市场竞争力不强，导致"转不出"。高等院校和科研院所由于创新过程中专利信息利用不足、与产业发展结合不紧密，导致我国创新效率不高，技术的创新价值不高，重大科技成果和核心知识产权供给不足，不能满足企业需求。加之缺乏知识产权专业人才的长期支撑，很难形成满足市场竞争需求的高价值专利组合。

四是创新成果产权归属不明晰，导致"不敢转"。产权明晰是提高创新成果市场转化效率的基础。高等院校和科研院所一些重大创新成果往往是经科研大协作或几代人努力取得的，知识产权涉及多个协作单位和合作团队。一旦转让获利容易引起专利权属纠纷，使一些职务发明人宁愿不转化。另外，缺乏合理利益分配制度，没有兼顾各方利益，导致一些单位方给发明人的奖励比例过高，影响了单位转化科技成果的积极性。

五是创新成果专业运营能力弱，导致"不会转"。我国科技计划的实施往往依托于跨部门、跨单位的项目组，缺乏知识产权责任主体推广实施。高等院校和科研院所知识产权转化模式存在明显短板，知识产权权利分散，现有的技术转移管理部门多数只能起到协调作用，大多由科研人员自行开展创新成果转化活动，往往是捧着"金饭碗"却敲不开市场的大门。由于对知识产权运营专业人才的激励不够，抑制了从业人员的积极性。

高等院校和科研院所是国家创新体系的重要组成部分，也是创新成果产出的重要源头。加强知识产权成果转化体系构建，是实现高等院校和科研院所高质量发展的重要保障，是推进创新成果转化的关键举措。建设行业领域知识产权成果转化平台，着力打通知识产权创造、运用、保护、管理、服务全链条，对提升高等院校和科研院所知识产权综合能力，提高创新资源的市场化配置效率，促进创新链、产业链、资金链、政策链深度融合，加快推进创新成果向现实生产力转化，带动行业高质量发展，促进建设现代化经济体系，激发全社会创新活力，推动构建新发展格局具有重要的作用。

三、开展农业知识产权成果转化的目的

加强知识产权成果转化理论研究和实践探索，构建有效促进区域和行业知识产权成果转化环境、转化制度、转化模式和转化平台，提升知识产权成果转化能力，才能更好地助力我国知识产权运营服务体系建设，推动知识产权创造高质量发展。

2018 年 4 月，习近平总书记在纪念海南建省办经济特区 30 周年庆祝大会上宣布党中央决定支持海南建设自由贸易试验区和中国特色自由贸易港。指出海南要实施乡村振兴战略，发挥热带地区气候优势，做强做优热带特色高效农业，打造国家热带现代农业基地，进一步打响海南热带农产品品牌。《中共中央 国务院关于支持海南全面深化改革开放的指导意见》也明确要实施乡村振兴战略，做强做优热带特色高效农业，打造国家热带现代农业基地，支持创设海南特色农产品期货品种，加快推进农业农村现代化。鼓励探索知识产权证券化，完善知识产权信用担保机制。2018 年 6 月海口市成功获批国家知识产权运营服务体系建设重点城市。《海口市人民政府关于海口市知识产权运营服务体系建设实施方案（2018—2020 年）》，提出了从知识产权运营服务体系建设入手，整体提升海口市知识产权创造、运用和保护水平，形成有效辐射，最终建成与海南自由贸易试验区和中国特色自由贸易港建设目标相适应，有效支撑海南创新驱动的知识产权体系。

中国热带农业科学院作为我国综合性热带农业科学研究最高学术机构，立足海南，面向中国热区，走向世界热区，以创建世界一流的热带农业科技创新中心，打造热带农业科技创新基地、热带农业科技成果转化应用基地、热带农业高层次人才培养基地、热带农业国际合作与交流基地和热带农业试验示范基地为目标，全面提升热带农业科技创新、成果转化、人才培养和国际合作能力。

发挥中国热带农业科学院国家热带农业科研院所优势，开展符合自身发展特点的知识产权成果转化制度集成创新，总结具有示范带动作用知识产权成果运营模式的探索实践，建设服务功能完备的热带高效农业知识产权成果转化平台，可推动科技成果实现快速转移转化，加快形成具有区域特色和持续发展竞争力、支撑力和带动力的国家热带现代农业体系，为打造服务"一带一路"、海南特色自由贸易港和国家知识产权运营服务体系提供有力支撑。

建设热带高效农业知识产权成果转化体系和平台，可加速高新技术成果在热带农业领域转化应用。一方面围绕国内和区域产业链布局创新链，改善科技成果供给侧结构，紧盯高效热带农业产业，进行核心技术攻关，形成一批具有前瞻性、市场前景好的科技成果实现落地转化。另一方面围绕世界热区各国科技需求，培育海外产业链，加快科技成果转移转化，推动科技、人才与经济要素有序自由流动、资源高效配置和市场深度融合，促进科技成果走出国门，并以此作为桥梁纽带开展更大范围、更高水平、更深层次的合作。

　　建设热带高效农业知识产权成果转化体系和平台，将进一步激发涉农企业、高等院校和科研院所的创新活力，加快高价值的农业知识产权转移转化速度，促进海南特色高效农业知识产权基础信息互联互通、资源共享共用，推进知识产权的创造和运用，能够更好地推动区域知识产权强省建设的深入实施，助力海南自由贸易试验区和中国特色自由贸易港建设。

第二章
知识产权成果转化概念与理论

一、知识产权成果转化有关概念

（一）知识产权

知识产权是指人们就其智力劳动成果所依法享有的专有权利，通常是国家赋予创造者对其智力成果在一定时期内享有的专有权或独占权。

知识产权作为一种智慧成果和技术资源，和其余物产相比，拥有排他性、地域性、时效性等基本特征。知识产权从本质上说是一种无形财产权，它的客体是智力成果或是知识产品，是一种无形财产或者一种没有形体的精神财富，是创造性的智力劳动所创造的劳动成果。

知识产权包括著作权或版权、专利权、商标权、地理标志权、集成电路布图设计权和未披露的信息专有权，等等。随着人类科技的进步，智力成果日益丰富，保护人类智力成果的权利类型也不断扩张，一些新型权利也逐渐被纳入知识产权，如商品化权等。

（二）知识产权运营

知识产权运营是指通过对知识产权进行管理，促进知识产权的应用和转化，实现知识产权价值或者效能的活动。

知识产权运营本质是知识产权权利人和相关市场主体优化资源配置，采取一定的商业模式实现知识产权价值的商业活动。通俗而言，可理解为由"知识产权"变为"知识产钱"，即由权变钱的过程。

知识产权运营应包含知识产权的全过程生命链，包含知识产权价值评估、投融资、技术交易等一系列过程。

（三）知识产权保护

知识产权保护一般是指人类智力劳动产生的智力劳动成果所有权。它是依照各国法律赋予符合条件的著作者、发明者或成果拥有者在一定期限内享有的独占权利，一般认为它包括版权（著作权）和工业产权。

知识产权保护是一个复杂的系统工程，知识产权自身涉及专利、商标、版权、植物新品种、商业秘密等领域，其保护的权利内容、权利边界等有各自的特点；保护手段涉及注册登记、审查授权、行政执法、司法裁判、仲裁调解等多个方面，客观上需要构建知识产权大保护的工作格局。

（四）科技成果转化

科技成果转化是指为提高生产力水平而对科学研究与技术开发所产生的具有实用价值的科技成果所进行的后续试验、开发、应用、推广直至形成新产品、新工艺、新材料，最终发展新产业等活动。

科技成果转化的概念可分为广义和狭义两种。广义的科技成果转化是指将科技成果从创造地转移到使用地，使使用地劳动者的素质、技能或知识得到增加，劳动工具得到改善，劳动效率得到提高，经济得到发展。狭义的科技成果转化实际上仅指技术成果的转化，即将具有创新性的技术成果从科研单位转移到生产部门，使新产品数量增加，工艺改进，效益提高，最终经济得到进步。我们通常所说的科技成果转化大多指这种类型的转化。

（五）知识产权成果转化

知识产权成果转化是指依托知识产权技术特质，通过市场渠道实现知识产权技术经济价值，以及实现知识产权产品的商品化，从而获取高于知识产权资产预估价值的运营过程。因此，知识产权成果转化实质上指的是知识产权成果市场化、产业化运营。

科技成果转化与知识产权转化两者既有联系，也有区别。知识产权成果在一定程度上等同于农业科技成果，科技成果的转化离不开知识产权的发明，知识产权成果转化同样也能带来更多的科技成果转化，两者皆可以共同进步发展。知识产权是产权化了的技术，可以流通、交易、租赁、融资，已经进入商用转化；而科技成果相对比较广泛，有些不具有实用价值，有些难以进行流通、交易。

（六）农业知识产权

1. 农业知识产权定义

农业知识产权是指对产生于农业领域的智力成果所拥有的经济上和精神上的权利。

2. 农业知识产权分类

农业知识产权是知识产权的重要组成部分，根据知识产权的分类标准可以将农业知识产权分为涉农专利、植物新品种、农产品地理标志、农业商标、农业商业秘密以及农业科技著作权等。

（1）涉农专利。涉农专利是指对农业生产方法以及农业材料所享有的一种专有权利。由于我国明确规定排除对动植物品种授予专利，因此，这里所涉及的生物材料不包含动植物品种。

（2）植物新品种。我国植物品种保护方面相关法律对植物新品种的保护范围做了明确规定：植物品种在进行不断开发之后，具有一定的新颖特点，而且可以在大自然中生存，通过重新命名之后即为植物新品种。其中，新颖性、特异性、一致性以及稳定性是植物新品种的特有标志。

（3）农产品地理标志。地理标志能标识出某一商品源头是生产于某一个区域内或者细化到一定的地区，而且这一产品的特征以及产品质量和信誉与这一地域相关联。

（4）农业商标。由于农产品受自然地理环境所影响，具有很强的地域性特征，即使同一品种的农产品由于产地以及栽培技术不同，产品品质也存在很大差异，我国的名、优、特产品丰富，因此农产品也需要通过注册商标来进行保护。

（5）农业商业秘密。农业商业秘密指的是农业技术信息以及农业经营秘密。农业技术信息也称为农业技术秘密，主要是指动植物品种繁殖方法、饲料配方、栽培方法、饲料方法、农药配方、工艺流程等；而农业经营秘密是指农业生产经营活动中的产品价格、供销货渠道、营销策略、行业情报等。

3. 农业知识产权的特征

农业知识产权，不仅具有知识产权的一般性特征，它还具有一些专有特征：涉农性、不稳定性、广泛性以及自然风险性。

第一，涉农性。农业知识产权是指直接或间接地在农业生产领域和农业生产活动中所创造的智力成果的财产权利和精神权利的总称。此外，农业知识产权的主体也不同于一般的知识产权主体，具有其特殊性，一般情况下，农业科技研究机构或从事农业科学研究的技术工作者是农业知识产权的主体。

第二，不稳定性。农业知识产权中的载体相当一部分能够实现自我复制，并且具有一定的自主性，在特定的情况下能够进行自我繁殖、变异等，其中，变异、自我繁殖等特点在植物新品种上表现得尤为突出。农业知识产权载体生物性的特征以及受自然环境的不确定性、多变性等影响，使农业知识产权相比较工业知识产权而言，具有极大的不稳定性。

第三，广泛性。农业知识产权范围很广，基本囊括了知识产权的所有种类，但是农业知识产权侧重于农业领域或农业生产活动中直接地、间接地产生的智力成果，诸如植物新品种、涉农专利、农产品地理标志、农产品商标、农业商业秘密权、农业生产传统知识、和遗传资源等与农业知识、农业信息关系密切的知识产权类型。

第四，自然风险性。农业科学研究与其他一般的科学研究不同，它除了受科研人员的研究水平、现有的研究技术以及研发经费等外在因素影响外，还受与其密切相关的自然条件的影响，如气候、季节、土壤以及地域差异等因素。因此，与其他知识产权类型不同，农业知识产权受自然环境因素影响较大，具有很强的自然风险性。

（七）农业知识产权成果转化

农业知识产权成果转化，是依托农业知识产权技术特质，通过市场渠道实现农业知识产权技术经济价值，以及实现农业知识产权产品的商品化，从而获取高于知识产权资产预估价值的产业化过程。

农业知识产权成果转化是农业科技产业化的关键环节，也是农业产业化的重要组成部分和实现形式。农业知识产权成果转化促进农业科技的进步，而农业科技的提高反过来又促进农业知识产权成果转化的发展。

二、知识产权运营服务政策制度

（一）知识产权保护和运用

1. 国家顶层设计

为了加强知识产权保护和运用，提升知识产权质量和效益，扩大知识产权国际影响力，加快建设中国特色、世界水平的知识产权强国。2016 年 12 月，国务院印发《"十三五"国家知识产权保护和运用规划》，明确提出要促进知识产权高效运用。突出知识产权在科技创新、新兴产业培育方面的引领作用，大力发展知识产权密集型产业，完善专利导航产业发展工作机制，深入开展知识产权评议工作。加大高技术含量知识产权转移转化力度。创新知识产权运营模式和服务产品。完善科研开发与管理机构的知识产权管理制度，探索建立知识产权专员派驻机制。建立健全知识产权服务标准，完善知识产权服务体系。完善"知识产权＋金融"服务机制，深入推进质押融资风险补偿试点。推动产业集群品牌的注册和保护，开展产业集群、品牌基地、地理标志、知识产权服务业集聚区培育试点示范工作。2021 年 10 月，国务院又印发《"十四五"国家知识产权保护和运用规划》，明确提出要提高知识产权转移转化成效，支撑实体经济创新发展。完善知识产权转移转化体制机制，推进国有知识产权权益分配改革，优化知识产权运营服务体系，积极稳妥发展知识产权金融，促进产业知识产权协同运用；提升创新主体知识产权管理效能，推动知识产权融入产业创新发展，助力区域经济协调发展。

"十三五"时期，党中央、国务院把知识产权保护和运用工作摆在更加突出的位置，加强顶层设计，部署推动一系列改革，出台一系列重大政策，建立健全国务院知识产权战略实施工作部际联席会议制度，重新组建国家知识产权局，完善知识产权法律法规体系，推进知识产权领域司法改革，有效提升了知识产权领域治理能力和治理水平。一是知识产权创造能力稳步提高，国内每万人口发明专利拥有量从"十二五"末的 6.3 件增加到 15.8 件，专利、商标、版权、植物新品种等知识产权数量位居世界前列，质量稳步提升。二是知识产权运用效益持续提高，交易运营更加活跃，转移转化水平不断提升，专利密集型产业增加值占国内生产总值（GDP）比重超过 11.6%，版权产业增加值占 GDP 比重超过 7.39%。三是知识产权保护力度明显加大，保护体系不断完善，保护能力持续提升，知识产权保护社会满意度提高到 80.05 分。四是知识产权公共服务体系进一步健全，知识产权服务业加快发展。五是知识产权人才队伍不断壮大，全社会尊重和保护知识产权意识明显提升。六是知识产权国际合作不断深化，与世界知识产权组织、共建"一带一路"国家和地区、金砖国家、亚太经合组织等的知识产权合作扎实推进，形成"四边联动、协调推进"的知识产权国际合作新局面。知识产权事业实现了大发展、大跨越、大提升，知识产权保护工作取得了历史性成就，有效支撑了创新型国家建设和全面建成小康社会目标实现。

2. 知识产权运营方式

从知识产权的运营方式来说，主要分为许可或转让、作价投资入股、质押融资、建立行业联盟、法律维权等。

（1）许可或转让。许可和转让是知识产权运营最直接获取财富的方法。并且在这方面国家搭建平台、政府政策引导、机构搭建服务平台、各种形式的交易所较为丰富，构成了我国知识产权运营的初级体系。

（2）投资入股。以知识产权的形式进行出资，建立公司或者对已有企业进行注册资本的增加。这样对于企业来说，可以减少资金压力。而作为技术持有人或者知识产权方来说，可以以此获得更多的权益。

（3）质押、融资。质押和融资属于较为相近的两种方式。质押是运用知识产权进行贷款，从而获得发展资金的做法。这种形式是通过知识产权所有者，在当地政策允许的情况下，把商标、专利、版权等知识产权当做质押物抵押给银行进行贷款。融资是指通过知识产权证券化直接融资。很多科技企业可以通过知识产权融资的方式直接进入证券市场，获得更快速的成长机会和空间，从而解决资金难题。

（4）建立产业联盟或专利池。建立产业联盟或专利池，也可以称作专利组合化运用。主要运用关联专利形成专利池，进行有效组合，从而增强参与者的市场竞争力。

（5）法律维权。法律维权可以通过诉讼对竞争对手施压或者抢占当前市场，或者在对手上市之际对其进行知识产权诉讼，或许可以有效阻止对方上市。

3. 知识产权的运营模式

知识产权的运营模式主要分为平台式运营、运营公司及行业联盟等。

（1）平台式运营。可分为国家级平台、机构平台等。

（2）运营公司。可分为有企业实体的公司和无企业实体的公司。

（3）行业联盟。是指同一行业的企业以知识产权为关联，视行业而分，商标、专利、版权等联盟均可，联盟成员皆以行业和产业的整体利益而结盟，并统筹整个联盟的知识产权战略等。

（二）知识产权服务业

知识产权服务业是推动知识产权事业发展的重要力量，也是知识产权事业发展的重要体现。国家知识产权局等 9 部门于 2012 年颁布的《关于加快培育和发展知识产权服务业的指导意见》指出知识产权服务业是现代服务业的重要组成部分，这充分肯定了知识产权服务业对我国经济社会发展的重要性。近年来，国家出台系列政策，持续推进知识产权服务业的快速成长。知识产权服务业的发展对技术自主创新、产业转型发展、进出口贸易、文化建设和区域发展等的支撑作用越来越强。

截至 2019 年年底，我国从事知识产权服务的机构数量约为 6.6 万家，知识产权服务业从业人员约为 82 万人，当年全国从事知识产权服务的机构共创造营业收入约 2 100 亿元。国家知识产权局知识产权运用促进司对全国知识产权服务业发展情况进行统计，调查报告显示，我国知识产权服务业发展再上新台阶，并呈现出七大特点。

一是行业规模不断扩大。随着"放管服"改革的深入推进、营商环境的不断优化，我国知识产权服务机构数量持续增长。截至 2019 年年底，我国从事知识产权服务的机构数量约为 6.6 万家，与 2018 年相比增长 8.2%。2019 年从事知识产权服务的机构中，专利代理机构有 2 691 家，商标代理机构有 45 910 家；代理地理标志商标注册申请的机构有 276 家，代理集成电路布图设计申请的机构有 365 家，从事知识产权公证服务的公证处有 1 103 家，从事知识产权法律服务的律师事务所超过 7 000 家，从事知识产权信息服务的机构超过 6 000 家，从事知识产权运营服务的机构超过 3 000 家。

二是吸纳就业作用持续加强。据测算，截至 2019 年年底，我国知识产权服务业从业人员约为 82 万人，较 2018 年年底增长 2.6%；2019 年知识产权服务机构平均新进人数 3.9 人，比平均离职人数（2.8 人）多 1.1 人，知识产权服务机构吸纳就业作用明显。调查显示，知识产权服务业从业人员中，大学本科及以上学历占 75.5%，从业人员能力素质层次较高。

三是效益水平稳步提升。据测算，2019 年全国从事知识产权服务的机构共创造营业收入约 2 100 亿元，同比增长 13.2%；知识产权服务机构平均营业收入 318.2 万元，同比增长 4.0%。其中，专利代理机构总营业收入为 405.2 亿元，同比增长 18.8%。

　　四是集约化发展势头显著。2019 年代理专利申请量排名前 100 家的专利代理机构占全部专利代理机构数量的 3.8%，代理的专利申请量占 2019 年全部代理申请量的 35.8%；2019 年代理商标注册申请量前 100 家的商标代理机构占全部备案商标代理机构数量比例不到 0.22%，代理商标注册申请量占 2019 年全部代理申请量的 34.7%。

　　五是服务支撑创新作用进一步显现。2019 年，专利代理机构代理发明专利申请共118.4 万件，占 2019 年发明专利申请总量的 84.5%（即代理率为 84.5%）。2019 年，专利代理机构共为 39.7 万家企业申请人提供代理服务，较上年增长 16.0%。第二十一届中国专利奖获奖专利中，90.7% 委托专利代理机构代理。2019 年商标代理机构代理的商标注册申请占全部商标注册申请量的 91.7%；服务机构代理地理标志商标注册申请 1 455 件，代理率为 95.8%；服务机构代理集成电路布图设计申请 4 789 件，代理率为 57.6%，同比提升 3.8%。

　　六是新模式新业态快速发展。调查显示，"互联网 +"知识产权服务模式快速发展，2019 年商标注册申请代理量排名前 30 家的代理机构中，20 家左右为"互联网 +"平台模式。人工智能、大数据等技术广泛应用于专利预警、分析咨询、文献翻译、知识产权维权证据收集等场景，促进知识产权服务标准化、精准化、智能化、降低成本、提升效率。

　　七是行业发展信心显著增强。调查显示，60.6% 的服务机构认为知识产权服务业市场环境未来一年预期优于 2019 年，高于上一年调查比例；营业收入预期、薪酬支出预期、办公场所是否增加预期、录用人数是否增加预期等调查结果也均高于上一年。对上述 5 个预期的调查结果赋值，形成知识产权服务业发展信心指数，测算结果为 60.4 分，高于荣枯分水线数（50 分），较 2019 年提升了 10.2%，表明我国知识产权服务机构对未来市场发展具备较强信心。

（三）知识产权运营服务体系建设

　　知识产权运营服务体系应该在知识产权运营的基础上，打造一个知识产权创造、运用、管理、保护的链条。有一个完整的知识产权体系之后，在运营机制的基础上，培育运营机构就可以实现示范引领作用。这也是知识产权运营体系建设的理论基础。

　　1. 知识产权运营服务体系建设重点城市

　　自从国家下发了《国务院关于新形势下加快知识产权强国建设的若干意见》（国发〔2015〕71 号）和《国务院关于印发"十三五"国家知识产权保护和运用规划的通知》（国发〔2016〕86 号）相关部署后，建立知识产权运营服务体系的任务就迫在眉睫。同时，建立知识产权运营服务体系也是必须在强化知识产权创造、保护、运营、管理的基础上，促使知识产权与金融资本、创新资源等有效融合。

　　2018 年，财政部、国家知识产权局选择在国家创新聚集密集地、创新驱动发展需求迫切的重点城市，鼓励开展知识产权运营服务体系建设。要求每个省（自治区、直辖市）

可以推荐一个城市获得中央 2 亿元的资金支持，用来建设知识产权运营服务体系。

2018 年首批知识产权运营服务体系建设重点城市 8 个：青岛市、苏州市、宁波市、成都市、长沙市、西安市、郑州市、厦门市。

2019 年第二批知识产权运营服务体系建设重点城市（城区）8 个：北京市海淀区、上海市浦东新区、南京市、杭州市、武汉市、广州市、海口市、深圳市。

2020 年第三批知识产权运营服务体系建设重点城市（城区）10 个：台州市、济南市、上海市徐汇区、无锡市、东莞市、石家庄市、天津市东丽区、重庆市江北区、大连市、泉州市。

2021 年第四批知识产权运营服务体系建设重点城市（城区）11 个：北京市朝阳区、天津市滨海新区、太原市、沈阳市、长春市、合肥市、烟台市、洛阳市、宜昌市、昆明市、乌鲁木齐市。

2. 知识产权运营服务体系建设成效

自 2018 年以来，国家知识产权局认真落实中央部署，不断推进知识产权运营服务体系建设布局，扎实做好业务指导和绩效管理。全国知识产权运营体系建设加快提速，亮点纷呈。截至 2021 年，全国知识产权运营服务体系建设重点城市达到 48 个，批复支持建设的知识产权运营平台（中心）达到 16 家，全国专利转让、许可、质押等运营次数达到 40.5 万次，知识产权证券化、知识产权保险等金融产品创新实现新突破。

2020 年，全国 37 个重点城市专利运营次数达到 18.8 万次，专利质押金额达到 808.9 亿元，分别占全国的 46.4% 和 51.9%；专利运营次数同比增加 39.5%，高于全国平均增速 7.5 个百分点；专利质押融资金额同比增加 54.3%，高于全国平均增速的 13.3 个百分点，有力发挥了引领带动作用。

2020 年，7 个国家级知识产权运营平台（中心）服务各类创新主体近万家，促成知识产权交易运营 6 449 件，交易金额超过 39 亿元，新增挂牌可运营知识产权 9 万件，新增注册用户近 15 万个；14 个股权投资支持的知识产权运营机构完成知识产权交易运营 3 351 件，成交金额近 19 亿元，新增委托运营知识产权 6.9 万件；23 只引导设立知识产权运营基金新增投资项目 30 个，新增投资金额 5.6 亿元，已有多个投资项目成功挂牌科创板，并陆续有项目开始退出，实现投资收益。

（四）海口知识产权运营服务体系建设实施方案（2018—2021 年）

为充分把握国家支持海口市实施知识产权运营服务体系建设的重大机遇，发挥知识产权在经济社会发展中的支撑和引领作用，根据财政部、国家知识产权局关于开展知识产权运营服务体系建设工作的要求，结合海口实际，制定本方案。

1. 指导思想

以习近平新时代中国特色社会主义思想和党的十九大精神为指导，按照《中共中央　国务院关于支持海南全面深化改革开放的指导意见》（中发〔2018〕12号）关于建设海南自由贸易区（港）战略，从知识产权运营服务体系建设入手，整体提升海口在知识产权创造、运用和保护水平，形成有效辐射，最终建成与海南自由贸易港建设目标相适应，有力支撑海南创新驱动的知识产权体系。以知识产权证券化为核心和切入点，系统推进海口知识产权运营服务体系建设，形成具有海南海口特色，服务国家知识产权运营服务体系的整体建设。

2. 工作目标

以知识产权证券化（intellectual property securitization，IPS）为核心和切入点，系统推进海口市知识产权运营服务体系。"十四五"期间，基本实现以下主要目标和预期产出。

（1）设立中国（海南）国际知识产权交易所。申请建立海南知识产权证券交易中心，在试运行中积累经验、凝聚共识。在海口形成IPS服务聚集区，争取2024年内申请建立中国（海南）国际知识产权交易所，成为国内第一、具有区域影响力的知识产权交易机构。2026年内，使IPS年度融资额及交易额达到1万亿元规模，形成与实体经济密切互动的知识产权交易体系，推动我国知识产权运营的国际化，成为海南自贸港建设的推手之一。

（2）建设知识产权运营服务平台。该平台将由海南（海口）知识产权运营公共服务平台和海口知识产权运营中心两部分组成。海南（海口）知识产权运营公共服务平台是海口知识产权运营服务体系的核心枢纽、知识产权大数据平台，集中供给知识产权公共服务。平台主要特色是IPS，可视实际情况设立数个特色子平台。海口知识产权运营中心是整个城市运营体系的关键推手，聚集和配置资源，尤其是IPS运行所需的各类资源。

（3）形成若干知识产权运营密集型产业试点。针对健康、低碳和个别高技术产业，开展知识产权运营密集服务的产业试点项目。在与这些产业相关的研发机构和企业中，全面推广知识产权管理规范，为产业及其龙头企业发展规划提供专利导航服务，精准量化，形成各自的技术路线，同时推行高价值专利培育运营服务；优先提供IPS融资服务。

（4）建设便捷、高效、严格的知识产权大保护体系。申请设立中国（海口）知识产权保护中心。建设线上线下，集授权确权、司法审判、行政执法、仲裁调解、行业自律、社会监督于一体的知识产权大保护体系。

（5）绩效和指标。

一是知识产权管理效能全面提升。形成内容全面、链条完整、环节畅通、职责健全、服务多元的知识产权综合管理体系。通过知识产权管理规范贯标企事业单位达到150家以上，专业知识产权托管服务累计覆盖小微企业2 000家以上。

二是知识产权创造能力显著增强。在热带特色高效农业、航天航空、信息技术、数字创意、低碳制造、医药、新材料等重点产业领域形成20个以上规模较大、布局合理且对产业发展和国际竞争力具有支撑保障作用的高价值专利组合。其中每个专利组合发明专利数量不低于 50 件，PCT 申请不低于 10 件。

三是知识产权运营服务能力全面提升。引进 5 家以上专业化、综合性的知识产权运营服务机构，年主营业务收入不低于 1 000 万元，或者持有的可运营专利数量达到 1 000 件；知识产权质押融资金额和知识产权交易量年均增幅 20% 以上。

四是知识产权保护力度大大增强。专利和商标行政执法办案量年均增幅 20% 以上，知识产权维权援助服务的企业每年不低于 100 家，知识产权保护社会满意度达到 80 分；出台一系列法规、政策，引进和培育大批人才。

3. 重点任务

（1）建立知识产权证券交易体系。知识产权（尤其是专利）证券化是知识产权供给侧结构性创新。它从制度设计上将知识产权创造和运用与投融资有机对接，可对实体经济的繁荣产生深远影响，将大大提升知识产权运营绩效和整体水平。一是在国内证券交易所推出首批海南知识产权证券，以熟悉筹备和运作规程，聚集专业团队，让各界了解在海南实施 IPS 的可行性。二是申建中国（海南）国际知识产权交易所。力争到 2026 年，IPS 年度融资额交易额达到 1 万亿元规模，形成与实体经济密切互动的知识产权交易体系，实现我国知识产权运营的国际化，成为海南自贸化的推手之一。三是筹建具有公示性的中国知识产权转让登记系统和国内领先的知识产权价值评估体系。

（2）构建知识产权运营生态体系。

一是建设知识产权运营服务平台。由海南（海口）知识产权运营公共服务平台和海口知识产权运营中心两部分组成。海南（海口）知识产权运营公共服务平台是海口知识产权运营服务体系的核心枢纽，以现有的"椰城创新云"为基础，集中供给知识产权公共服务。海口知识产权运营中心是整个城市运营体系的关键推手，集中聚集和配置运营，尤其是 IPS 运行所需的各类资源。由此，平台和中心可实现线上线下服务能力和资源的一体化。

二是打造知识产权服务业集聚区。建设以 IPS 服务体系为核心、以海口知识产权运营中心（服务中心）为支点、覆盖全省的知识产权服务业集聚区和知识产权服务生态圈。提供知识产权咨询、代理、托管、维权、评估、运营、交易、质押融资、成果转移转化等一站式服务。服务对象是政府、院校、企业，目标是为海南十二大重点产业中的部分产业，服务的产业示范先行，尤其是以高技术企业为重点。激励产业龙头企业参与建设运营，凸显知识产权运营的市场导向。形成以 IPS 为主题的知识产权的服务聚集和产业聚焦。

三是设立重点产业知识产权运营基金，完善知识产权信用担保机制。海口市重点产业知识产权运营基金采取中央引导、地方为主，海口市各级财政资金联动，共同投入的方式。未来将引导产业资本、社会资本共同组建，以市场化方式运作。与此同时，积极探索中央 12 号文件中提出的知识产权信用担保，以此显著扩大知识产权质押融资和证券交易规模。

（3）强化高质量知识产权创造。

一是实施专利导航工程。实施企业运营类专利导航项目，支持园区、知识产权优势企业、示范企业实施企业运营类专利导航示范项目，将专利战略分析和重点产品专利技术分析融入产品研发、市场开拓等环节，为企业科技成果转化、创新研究、高价值专利、质押融资等提供支撑。实施产业规划专利导航项目，推进专利导航与产业发展决策联动。重点围绕新型产业体系中海洋、新材料、高端装备、新能源汽车、医药（南药）、热带高效农业等产业，鼓励产业园区和功能区、行业协会、产业联盟实施产业规划类专利导航示范项目。建立专利导航支撑产业发展决策机制，将知识产权分析评议、产业专利导航成果运用到区域产业规划制定实施、产业转型升级、招商引资中专利风险分析与评估、人才和技术引进等工作。创建以专利为核心的产业创新资源数据库，绘制新材料、高端装备、海洋高技术、生物医药、热带高效农业等重点产业领域专利布局地图和技术路线图，建立以专利信息为基础的产业创新资源布局机制。

二是实施高价值专利组合培育计划。实施关键核心技术专利组合（专利池）培育计划。围绕海洋新兴产业、新一代信息技术、新材料、生物医药、热带高效农业、低碳制造等区域优势产业领域的重点企业，产业规划类和企业运营类专利导航，汇集技术领先、市场潜力大的专利技术，构建关键技术专利组合（专利池）；推动专利订单式研发和布局，将产业链或产品链中各技术节点的技术、工艺和关键零部件，通过专利申请加以保护，形成围绕产业链、产品链的专利组合；同时，对相应的外围技术、工艺也申请专利，有条件的还将对配套替代技术申请专利，以形成对核心技术的全方位保护。深化产学研协同创新机制，完善"产、学、研、金、介、用"深度融合的知识产权创造体系，重点支持构建一批对产业发展和提升国际竞争力具有支撑保障作用的高价值专利池，支持产业与专业运营组织协同，组织若干个产业知识产权联盟，支持参与国内外重要知识产权标准组织。建立高价值专利组合培育政策保障机制，对产业带动力强或示范意义大的高价值专利组合，采取"一事一议"方式给予支持。实施高价值专利组合孵化及加速计划，设立知识产权成果转化加速器，利用知识产权投资基金等方式培育高价值专利组合，推进以"IP to IPO"的专业定向服务模式，帮助企业通过知识产权成果转化、无形资产入股、技术导航、业务护航、知识产权运营等快速、高质量成长，扎根海南，支持自贸区（港）建设。

三是实施专利质量提升工程。以企业、科研单位等创新主体为主，知识产权服务机构协助的模式，完善专利质量提升措施。优化专利支持政策，制定出台《海口市人民政府关于鼓励科技创新的若干政策》，加大对质量专利和国际专利申请的支持力度，强化质量效益导向，推动专利申请适度合理增长。建立专利工作评价指标体系，将专利授权量、发明专利申请量占比、发明专利授权率、PCT专利申请量、专利维持率、万人有效发明专利拥有量等指标纳入专利工作评价指标体系。培育专业的知识产权托管机构，建立健全专利动态监测机制和信息反馈联动机制。对优秀专利在创新成果保护、产业化运营中发挥重要作用的典型案例进行宣传报道。推介优秀专利代理机构和优秀专利文件，将优秀代理机构的管理制度、管理流程等先进经验向同行业推广。

（4）全面布局知识产权保护。

一是完善知识产权保护机制。加强知识产权执法。建立"权利人"+"服务机构"+"维权援助体系"+"侵权信息监控系统"+"快速维权中心"+"知识产权行政执法部门"六位一体的知识产权行政执法保护体系；为权利人快速发现侵权、制止侵权提供便利，以购买服务方式建立高效的侵权信息监控系统。建立知识产权纠纷多元化解决机制。健全知识产权诉调对接机制，发挥市知识产权综合运用与保护第三方平台作用，整合法律服务、行政调解、维权援助三大纠纷化解资源，建立多部门联动和跨部门案件处理机制。发挥人民调解员作用，建立人民调解员工作激励机制。建立重点产业知识产权侵权监控、风险预警机制。针对海洋科技、热带高效农业、生物医药及航天航空等重点产业实施知识产权侵权监控、风险预警机制，开展跟踪分析；建立跨境电商知识产权维权联盟，为产业提供高效、便捷的知识产权维权服务；开展涉外知识产权培训，重点讲解如何提前调查侵权风险，遇到法律纠纷时如何从企业内部进行处理，以及与外部代理机构对接。建立完善涉外知识产权争端解决机制。探索与建立自贸区（港）相适应的知识产权争端解决机制。与国外有分支机构的知识产权服务机构开展涉外维权合作，建立涉外维权快速反应机制，完善海外知识产权维权援助补助机制，鼓励企业积极应诉和主动维权，为企业参与国际竞争、应对知识产权争端保驾护航。

二是设立海口知识产权法庭。满足知识产权司法保护与知识产权审判的需要，为知识产权设立统一的法律环境，引进与培养更多专业知识产权审判人才，推动司法改革，鼓励公平竞争，为新常态下的经济发展和社会稳定创造良好的法治环境。法庭以法官为核心，组成1名法官+1名法官助理+1名书记员的相对固定的审判团队，减少管理层级。按中央编制部门确定的法官员额进行公开选任，在法院系统或面向社会选拔产生，不直接转任。

三是设立中国（海口）知识产权保护中心。结合海口打造新型医药创新之都的知识产权保护需求，申请设立中国（海口）知识产权保护中心，优先加大医药产业知识产权保护力度，并逐渐将快速审查授权机制拓展到热带高效农业等重点产业领域，为海南省产业转型升级、创新发展形成核心竞争力提供有效服务和帮助，为建设海南自贸区（港）营造国际一流营商环境。

四是开展知识产权领域社会信用体系建设。加大知识产权侵权案件信息公开力度，强化假冒专利、注册商标案件行政处罚信息和知识产权侵权案件处理决定信息的公示。构建知识产权保护信用评价指标体系，将有关知识产权违法违规行为信息纳入企业和个人信用记录。建立知识产权领域失信主体联合惩戒机制，对不良信用记录较多者实施严格限制和联合惩戒，与工商行政等部门联合，对企业或者个人进行税收等优惠政策方面的限制等。

（5）构建知识产权管理和人才体系。

一是提高企事业单位整体知识产权管理能力。加强《企业知识产权管理规范》《高等学校知识产权管理规范》《科研组织知识产权管理规范》等标准的贯彻实施，引导企业、高校、科研院所建立知识产权工作管理规范体系，提高知识产权战略管理、风险管控和资本运作能力。通过贯标的单位给予资金资助。加强海口市高新技术企业、海口市国有科技和工业型企业的知识产权管理能力，防止国有资产流失，支持海口市属国有工业企业推行知识产权贯标，实现所有市属国有工业企业发明专利的清零目标。

二是开展知识产权服务托管。支持中小微企业、大专院校和科研院所实施知识产权托管计划，引导企事业单位根据管理需求，将知识产权战略规划、申请、法律状态监控、相关费用缴纳、许可转让、维权保护等业务托管于拥有相关资质的知识产权服务机构。采取政府购买服务方式为海中市 2 000 家以上中小微企业提供托管服务。

三是加快培育知识产权优势示范企业。强化企业创新主体地位，加大对企业知识产权创造、管理、运用、保护和培训等方面政策支持，鼓励并支持企业开展专利信息分析利用，增强企业市场竞争优势，到 2024 年培育 15 家国家知识产权优势示范企业。

四是加强知识产权人才培养和引进。在海南省知识产权局指导下，推进高校知识产权教育，支持省内高等院校设立知识产权学院，开设知识产权专业课程，鼓励知识产权服务机构联合院校、科研机构或企业设立大学生知识产权实操性培训基地和实习基地，重点面向即将毕业的大学生、研究生开展 3~12 个月的知识产权技能培训，财政资金每年给予一定的补助，为海南省知识产权发展输送人才。结合引进高端知识产权服务机构，引进高层次领军人才和高水平管理人才。支持专业知识产权服务机构设立知识产权人才培训基地，培养多层次知识产权理论与实务人才。支持设立知识产权研究院，开展各种知识产权政策的研究。

4. 阶段划分

（1）准备阶段（2018 年 5—9 月）。研究、草拟、完善《海口市知识产权运营服务体系建设实施方案》；赴先进城市学习考察知识产权运营服务体系建设经验和做法；启动 IPS 工作调研，举办全国性的 IPS 研讨会，确定首批 IPS 的发行路径；研究、确定任务模块、分工方案和工作推进表；研究、编制、通过海口市实施知识产权运营服务体系建设预算；制定《海口市知识产权运营服务体系建设专项资金管理办法》及其《实施细则》。

（2）边建设边运营阶段（2018 年 10 月至 2019 年 12 月）。在证券交易所发行国内首批 IPS 证券，研究和优化各个环节；筹建海南省知识产权交易中心，作为知识产权证券化的有效载体；同时启动海南国际知识产权证券交易所的申办程序；申建具有公示性的中国知识产权转让登记系统和国际领先的知识产权价值评估体系；建立海口市知识产权运营公共服务平台，打造"椰城创新云"升级版，形成国际化的、包括专利商标版权等诸多知识产权种类，涵盖知识产权创造、运营、保护、管理、服务全链条知识产权大数据平台；研究建设海口市知识产权运营中心，有效支撑知识产权证券交易所的高效运作；开展专利导航工程，编制产业技术路线图；开展高价值专利培育试点；推进专利质押融资工作开展；

打造知识产权服务业集聚区；申请设立海口知识产权保护中心；设立海口重点产业知识产权运营基金；建设海南科技大厦。

（3）全面建设逐步提升阶段（2020年1—12月）。全面展开各项任务模块建设，建立各模块实施、管理、评估、报告机制，并根据运行状况、需求重点调整和完善；设立海南国际知识产权证券交易所，不断优化知识产权证券化交易模式，形成成熟的交易和风控制度体系及相应流程；对于中央资金的投资成果进行年度考核，争取获得剩余资金的拨付与支持。

（4）项目后续建设运营阶段（2021年1月以后）。对于既定建设目标逐项考核，保证达到既定建设目标，打造全国最活跃、最丰富、具国际影响力的知识产权运营生态体系与服务圈。知识产权证券化方面力争达到"十百千万"的发展目标。"十"指与处于科技研发前沿的10个高端研发机构建立技术引进及落地的合作关系；"百"指与上百家科技园区及金融机构建立技术转化和资金对接的合作关系；"千"指为上千家需要融资的中小型科技创新企业及研究机构完成融资工作；"万"指形成不少于1万亿元的年交易规模，初步形成知识产权金融聚集效应。

5. 保障措施

（1）优化组织领导。实行国家、省、市三级共建，全面对标自由贸易港建设要求。在资金整合、政府支持、工作团队、专家资源、平台整合、数据库整合六个方面实行三级共建制，协同发力，共同聚焦以知识产权证券化为核心的知识产权运营服务体系重点城市建设。成立海口市知识产权运营服务体系建设领导小组，统筹推进知识产权运营服务体系建设过程中的各项工作。在财政部、国家知识产权局、省知识产权局的指导下，由市政府主要领导担任组长，领导小组办公室设在市知识产权局，成员单位由承担建设任务及列入职能范围的各有关部门组成，建立定期会议制度，决策重大事项，共同协调推进运营服务体系建设。同时，进一步明确成员单位目标任务和完成时限，落实工作责任，加强督导考核，确保知识产权运营服务体系建设工作扎实推进。根据国家知识产权局、财政部年度绩效评估结果适时调整工作计划，及时总结、提炼、推广成功经验和先进做法，切实解决存在问题和薄弱环节。

（2）完善政策体系。积极推动知识产权政策与科技、产业、金融、贸易等政策的协调联动，共同推动有关政策出台和项目实施。探讨"政府搭台、科技支撑、金融支持、企业唱戏"等知识产权运营服务模式，促进知识产权与创新资源、金融资本、产业发展有效融合。加快制定高价值专利培育、知识产权运营机构建设及资金使用管理、绩效考核评价等相关配套政策，修订完善专利资助等一系列规章制度，形成覆盖知识产权创造、运用、保护、管理、运营和服务全链条的政策支持体系。

（3）加大投入力度。争取财政部、国家知识产权局相关项目资金支持，省、市级政府给予相应配套资金，确保省市两级财政3年内累计安排知识产权运营资金预算在2亿元以上，达到与中央财政支持资金 1∶1 配套。各类科技研发资金向拥有自主知识产权、能够形成自主知识产权和实现知识产权运营项目倾斜。发挥财政资金引导作用，广泛吸引社会资本，逐步形成以政府引导、企业为主、社会参与的多元化知识产权资本投入体系。

（4）强化考核监督。做好项目推进、知识产权运营情况等统计调查工作，定期上报动态信息。建立科学有效的知识产权运营评价指标体系和服务考核机制，强化督查和考核，对各相关部门建设推进情况开展年度评估和检查，确保知识产权运营服务体系建设各项任务真正落到实处。

（5）加强宣传引导。全面加强知识产权文化建设，广泛开展知识产权成果转化和运营知识的普及教育和公益宣传，建立动态信息上报制度，加大典型企业、模式宣传力度，增强知识产权运用和保护意识，使尊重知识、崇尚创新、诚信守法理念深入人心，为知识产权运营服务体系建设营造良好氛围。

三、农业知识产权运营服务体系

（一）农业知识产权运营政策

1. 影响农业知识产权政策因素

知识产权制度在孕育、产生和发展过程中，一直与经济增长呈现显著的互动关系，并在其自身不断完善的过程中进行调整，而新的知识经济形态的出现，特别是信息技术、网络技术、生物技术、纳米技术以及基因技术等新知识的出现，使传统的基于知识产权框架下的农业知识产权保护制度运用越来越不顺畅，主要表现如下。

（1）影响农业知识产权制度稳定性的因素大量增加。随着不断的技术创新，人们对于新事物的认识也越来越趋于理性，这不仅导致一些新的农业知识产权保护客体的产生，还带来了新型法律关系的诞生，在一定层面上动摇了农业知识产权制度的稳定性，且不稳定性因素大量增加。国际农业生物技术应用服务组织（ISAAA）于 2019 年发布的《2018 年全球生物技术 / 转基因作物商业化发展态势》报告显示，1996 年转基因作物在全世界的种植总面积仅为 170 万 hm^2，而到 2018 年已经上升到 1.917 亿 hm^2，经过 20 多年的发展，累计种植面积达到 25 亿万 hm^2。在新时期、新形态下结合农业生产的生物性、季节性、周期性、风险性等特点，复杂地凸显在农业知识产权制度的实践中。

（2）农业知识产权制度新客体加速扩张。农业知识产权的中心问题是什么可以获得保护，这个问题落实到具体的制度安排中也就是对农业知识产权客体的确认。随着现代生物技术的发展及其应用领域的拓宽，农业知识产权制度亦扩张为区别于一般意义的农业领域专利、商标、著作权的传统知识产权结构，而成为更具包容性和专业功能性的制度。农业知识产权的客体，是农业知识产权制度中最直接与农业科技、经济、文化这些客观因素相关联的客观要素，是第一性的，它将从源头改变农业知识产权领域内一系列的法律构成要素。

（3）农业知识产权制度地域性与国际性的双重压力。农业知识经济在新时期出现了科技发展超速化、知识传播网络化、贸易制度国际化以及经济贸易全球一体化等新特征。从本质上看来，逐渐开放的农业知识产权国际化趋势与法律效力的地域性具有天然的矛盾性，限制知识产权在域外范围的法律效力，只会让国际侵权行为盛行，因此，从国际社会的治理角度来看，突破和淡化农业知识产权的地域性特征，寻求跨国的农业知识产权保护显得尤为必要，甚至在理想状况下，从制度上允许和保障农业知识产权的广泛传播应用，能够推进全世界范围内农业领域的科技进步和农业发展。

2. 农业知识产权运营重点产业

知识产权在运营的过程中，国家的政策起着十分重要的作用，《知识产权重点支持产业目录（2018年）》确定了10个重点产业、62项细分领域。10个重点产业分别为现代农业产业、新一代信息技术产业、智能制造产业、新材料产业、清洁能源和生态环保产业、现代交通技术与装备产业、海洋和空间先进适用技术产业、先进生物产业、健康创业、文化产业。

现代农业产业属于位于知识产权运营重点产业之首，其重点领域如下。

（1）生物育种研发：种质资源挖掘；工程化育种；新品种创制；良种繁育；种子加工；规模化测试；生物技术育种。

（2）畜禽水产养殖与草牧业：主要动物疫病检测与防控；主要畜禽安全健康养殖工艺与环境控制；畜禽养殖设施设备；养殖废弃物无害化处理与资源化利用；新型饲料与制备技术；草食畜牧业；淡水与海水健康养殖。

（3）智能高效农机装备与设施：设施精简装配化；作业全程机械化；水肥管理一体化；温室节能蓄能。

（4）农产品生产和加工；农产品产地初加工与精深加工；绿色储运关键技术与装备；传统食品工业化关键技术与装备；全产业链质量安全与品质控制技术。

（5）农业资源环境可持续发展利用；化肥农药减施增效；生态保护与修复；农业用水控量增效；病虫害防控技术；盐碱地等低产田改良；渔业环境保护；农用地膜污染综合防控；农业废弃物综合利用。

（6）智慧农业：农林动植物生命信息获取与解析；主要作业过程精准实施；农业人工智能。

（二）我国农业知识产权保护存在的问题

农业知识产权是我国知识产权保护体系中非常重要的组成部分，在一定程度上成为发展农业产业、推动乡村振兴的重要力量，农业知识产权在我国农业领域展现出前所未有的生命力、创造力、影响力，对实现我国的农业现代化、提升农业产品的竞争力、实施乡村振兴发展战略有着巨大的推进作用。我国对农业知识产权的保护力度正在逐渐增强，但是依然存在着较多的问题。

1. 立法方面存在的问题

（1）生物遗传资源保护不足。首先体现在缺少对生物遗传资源方面的专门立法。我国对于生物遗传资源的保护主要体现在《中华人民共和国畜牧法》《中华人民共和国森林法》《中华人民共和国专利法》等法律、行政法规中。这种立法的优点在于维持立法现状的稳定性，在保持我国现存的法律框架的基础上进行生物遗传资源的保护，但是劣势则体现在法律在生物遗传方面的保护覆盖面不全，没有形成一整套完整的生物遗传资源保护的规则。其次是有关生物遗传资源方面的立法效力层次较低，主要为部门规章，结合实践，由国务院出台行政法规进行有关生物遗传资源方面的立法较为合适，健全法律统一适用机制。

（2）动物新品种保护不足。目前针对植物的新品种保护，我国有专门的《中华人民共和国植物新品种保护条例》予以规定具体的情况，但与动物新品种的相关问题，却没有专门的法律、法规来予以规定。关于动植物新品种的保护措施，国际上有专利法的保护方式、专门法的保护方式以及专利法和专门法双轨制的保护方式。在我国的体制中，主要是采取专利法的保护方式来保护动植物新品种。根据专利法的相关规定，动植物新品种不能授予专利，而其生产方法能够获得专利。因此，应当考虑制定一部专门的法律来保护动植物新品种。

（3）农产品地理标志保护不足。在农产品地理标志保护方面，我国采取商标法和专门法并行的双轨制来保护农产品地理标志。两者的不同之处在于法律层级不同。商标法是从法律层面来保护；专门法一般通过制定部门规章来保护农产品地理标志。这种双轨制的保护方式，使法律层级高低不同，一些法律条文的概念出现冲突，每部法律都对农产品的地理标志进行了相关规定，但是规定的又不具体、不细致，没有一部专门的法律来详细地解释清楚保护对象是什么、保护方式是什么，这导致农产品地理标志的主体、客体、内容方面既有相同的部分又有互相矛盾的部分，使相关的权利人在实际中对应当遵守哪些法律条文的规定产生了困惑，大大地削弱法律的权威性。

2. 执法方面存在的问题

（1）我国的农业知识产权执法主体较多，例如国家林业局、海关、国家版权局等，此种情况容易出现多头执法的情况，导致农业知识产权执法混乱、效率低下。

（2）一些行政执法部门的执法权限受限，例如《地理标志产品保护规定》这一行政规章，其无法在行政文件中设置行政处罚权，从而导致地理标志缺乏强有力的保护。

（3）我国缺乏专门的农业知识产权执法人员。相关部门中取得专利执法资格证的人员极少，执法资格的缺失再加上缺少执法经费，导致我国的农业知识产权执法力较弱，很容易导致农业知识产权大量侵权现象的发生，使农村市场成为知识产权侵权行为的高发区。

3. 管理方面存在的问题

（1）农业知识产权保护意识不强。随着经济社会的不断发展，知识产权也得到了不断发展，人们开始逐渐了解到知识产权这一概念并学着如何来保护自身的权益，但是涉农领域，社会整体的认知和保护意识却明显欠缺。大多基层农民群众、科研人员、行政部门的管理人员对于农业知识产权的保护意识都不强。对于科研人员自身来说，也存在着不重视维护自身科研成果的现象，对于一些侵犯农业知识产权的行为现象没有予以关注，任由发展，助长了侵犯农业知识产权现象的发生。

（2）农业知识产权市场化程度低。国家相关的农业知识产权研发主要是基于研发各项高校课题的需要，从而使其所研究出来的农业知识产权主要满足于项目课题的需求而非实际农业市场的需求。从而使我国目前的农业科技成果转化率较低，农业知识产权利用率不高。而且由于农业知识产权自身特征的原因，其价值很难被精确计量，从而使相关的农业知识产权的产品在推向市场的过程中流通不畅、市场化程度低，不利于相关农业知识产权的发展。

（3）农业知识产权创新激励机制缺失。目前农业知识产权大多属于国家公益性项目，科研人员在研发农业知识产权的过程中，主要是为了评职称、晋升等，而不会重点注意提升农业知识产权的市场化程度。这种模式造成了难以充分调动相关的科研人员的技术性创新动力以及转让积极性，并且还会导致相关专业人才流失。

（三）我国农业知识产权运营存在的问题

近年来，我国农业知识产权在数量不断增加的同时，质量也在逐渐提升。然而，我国农业知识产权运营水平并不理想，大量的农业知识产权成果被束之高阁。

1. 知识产权运营环境方面存在的问题

（1）农民接受新事物的主动性差。绝大部分农民追求平稳，抗风险能力差，对于新技术、新模式的信心不足，不敢尝试，对于先进的农业科技成果缺乏信任。而且大部分农民文化程度不高，学习力不强，对于农业新科技的采用和产出效果不尽如人意。

（2）农业知识产权成果转化机制不健全。很多研究机构对于农业科技成果转化不够重视，更倾向于学术研究，对于知识产权成果的实际应用缺乏关注。因此，很多农业科研人员在做农业研究时，并没有与实际进行有机融合，科研成果与实际脱节现象严重。

（3）农业科研工作者的积极性调动不够。由于农业知识产权保护的相关法律法规不够完善，人们对于农业知识产权的理解不够明确，关注度不高。科研人员的成果没有得到有效保护，科研成果与投入成本相比物质收益不高，无法完全调动起农业科技研究的积极性。即使农业科研成果得到确认，但是由于程序冗繁、资金下放缓慢等原因，使得科研奖励难以及时落实到位。

2.知识产权运营供给方面存在的问题

（1）品种转让难度大，品种转让收益参差不齐。一是大部分品种从研发到知识产权交易都需要一个漫长的过程，刚研发出来的新品种存在不稳定性，需要经过漫长时间的改良，并配套完善的技术服务体系，才能保证品种的稳定性。二是即使研发出稳定的新品种，也因市场需求变化快，与企业的供需不能对接，致使双方无法达成品种知识产权交易，直接影响了品种知识产权的转化收益。三是小田作物品种多，即使发生了知识产权交易，作物推广面积相对有限，品种转让收益受限严重。四是除杂交品种外，常规作物品种一旦流向市场，很容易被复制并繁殖，品种权保护力度极小，且品种替代性强，难以在市场中产生大额的知识产权交易。

（2）专利转让率低，转让价值不高。农业知识产权荣誉专利多、可直接转让专利少、高价值转让专利更少。导致这种现象出现的原因主要有4种：一是专利本身应用价值不高，研发的专利与市场实际需求有一定差距；二是专利转让形式单一，科企对接不深；三是价格不高，缺乏可持续性；四是专利的知识产权保护力度不大，相比大田作物品种权保护，专利的知识产权保护力度相对较小，尤其是一些科技含量相对较低的技术专利，极容易被模仿和复制。

（3）兽药研发周期长，转让收益不稳定。兽药领域市场准入门槛高，对企业需求容易掌握得准，在兽药转让企业对接方面具有一定的比较优势。但同时也受到企业数量少、推广范围有限的限制。另外，新兽药的研发是一项耗资大、周期长、技术要求高、风险大的系统工程。一种新药一般需要耗时几年时间，耗资上千万元，并且对研发人才具有较高要求，即使研发成功，是否能够顺利对接市场进行知识产权转让，也存在较大的不确定性。

3.知识产权运营保障方面存在的问题

（1）转化专项引导资金缺乏，公共技术服务平台不完善。一些公共技术服务平台，由于缺少规范的运营方案和专业的运营人才，使用处于非规范化状态，提供的服务尚不能完全满足科技研发需求，条件亟待改善，公共技术服务平台的开发利用潜力有待挖掘。

（2）知识产权转化服务体系不完善，缺少专职转化人员。无论是转让类还是服务类知识产权，转化前的市场对接工作及转化后的跟踪服务工作，均由研发单位自己负责。知识产权转化工作基本上都是由科技管理人员或科技创新人员兼职承担，缺乏专业的知识产权转化知识与技能，在知识产权转化工作中经常出现专利价值评估不准、核心技术营销推广难、技术服务交易被动等问题。

（四）农业知识产权运营服务对策

1.健全农业知识产权成果转化保护制度

（1）完善农业知识产权立法。第一，拓宽农业知识产权立法范围，细化各类农业知识产权领域方面的立法。完善生物遗传资源、种子知识产权保护、动物新品种、统一地理保护标志等具体的农业知识产权相关法律。第二，提高农业知识产权立法的层级，将农业知识产权的立法层级提高到法律、行政法规的层次，使得通过相关立法执法机关获得更大程度的行政处罚权等，提高监管效率。第三，提高农业知识产权侵权的赔偿标准。在农业知识产权领域建立惩罚性赔偿机制，在因赔偿数额难以确定而适用法定赔偿的情况下，提高法定赔偿的数额，并且应当在立法中加大对侵权行为的处罚力度。

（2）健全农业知识产权执法。第一，要统一农业知识产权执法主体。如将品种权等统一归类于知识产权管理部门。第二，完善知识产权维权援助机制，打造多元化的知识产权保护途径。探索知识产权局、法院及其他行政执法部门的信息共享与联动协作模式，构建法官、律师、行政执法人员和企业商会的良性互动机制，加强宣讲力度，增强保护意识。第三，加大对农业知识产权执法的经费投入，建立更加专业的行政执法团队来遏制农业产品市场侵权行为的发生。

（3）改进农业知识产权司法。在农业知识产权司法改革方面，提高知识产权的审理效率，合理安排知识产权的审理期限，建立知识产权惩罚性赔偿制度，明确惩罚性赔偿中的直接损失和间接损失。建立农业知识产权滥诉赔偿制度，鼓励采取期限较短、更为方便的农业知识产权仲裁制度来解决相应的农业知识产权纠纷。完善相关的法律援助制度，为农业知识产权保护困难主体提供法律帮助等服务。

2.提升农业知识产权成果转化管理水平

（1）牢固树立知识产权保护意识。由于我国的知识产权制度建立时间较短，我国各类主体知识产权保护意识不强，因此要大力宣传农业知识产权保护意识，提高各类主体对农业知识产权重要性的认识。大力宣传法治意识、知识产权意识，推动知识产权文化事业在乡村农业地区的发展。首先是要提高农业知识产权管理部门自身业务能力的培训，提升自身的农业知识产权管理水平。可以协同各级宣传部门，开展农业知识产权的普及教育活动。在全社会范围内构建重视农业知识产权的大环境。其次，要提高一线科研人员对自身知识产权成果的保护意识，增强其重视自身科研成果的意识。最后，要让广大的农民意识到知识产权的保护可以带来诸多的利益，以及采取广大农民群众喜闻乐见的方式宣传农业知识产权保护的重要性。

（2）加大农业知识产权的市场转化率。首先，要建立一个更加有效的农业知识产权激励机制。激发农业知识产权科研人员创新的积极性。通过设立农业知识产权专项基金，对相关人员进行表彰或奖励，确保相关的科研人员的知识产权成果能够得到最好的保障。加快农业知识产权的交流互动，建立并完善农业知识产权的流动交易机制。最终促进形成以市场为导向的农业知识产权交易机制。同时，完善农业知识产权市场行为的监管，风险评估的制度，为农业知识产权市场率的转化提供保障，促进农业知识产权市场化发展。

3.推广农业知识产权成果转化适用模式

（1）商业化育种模式。将发展重大科技成果产出作为主要目标，分析在作物质量、品种与品系、品种资源各方面现状，总结科研单位与企业的需求，探讨可行的合作模式。有效进行科研单位与企业的商业化育种模式，开展育种合作、品种权合作等合作形式，共同建设科研平台，合作商议成果归属和分权比例。

（2）直接技术转让模式。将技术直接交给专门的公司进行产业转化，研发团队在一定时间内针对某一技术点进行研发，受到时间和研究方向的限制，无法整合不同环节或者不同点上的技术。因此，要将不同科研团队的品种、专利、技术服务等方面进行有机集成，制订整体解决方案，将传统的单纯产权交易转变为全方位的技术支持与服务。

（3）政、企、研三方合作模式。采取地方政府提供政策扶持，农业企业提供经费支持，科研单位提供人员等形式，建立长期有效的三方合作模式。有效避免研发成果与市场实际需求不符的情况发生。企业可以依托科研单位的研发成果，应用于企业的实际运作中，获取更好的科技红利。地方政府也能够将研发成果应用到地方产业发展中去，从而增加地方农民增收，促进地方农村发展。

（4）知识产权经营实体运营模式。将知识产权成果转让交给经营实体运营，可以有效对接政府或者企业的实际需求。同时可依托自主品种、专利等内容，以打造品牌为目的，建立产品质量控制和筛选制度，制订相关的营销方案，将产品系列化、品牌化，从而更好地进行推广和效益转化。

（5）与中介服务机构合作模式。通过与中介服务机构合作，可以有效提高农业知识产权成果转化效率。首先，可以加速闲置的专利授权进程，由中介服务机构进行宣传推广，寻找合适的受让方，完成农业知识产权转化。其次，可以促进农业知识产权的资产化和产业化，相关核心技术由中介服务机构转让，在转让的过程中，按照市场化运营机制，实施专利转化策略，构建专利池，同时实现专利托管、储存、评估、预警等活动，促进农业专利的集中管理。

第三章
中国热带农业科学院知识产权成果转化

一、中国热带农业科学院知识产权成果转化体系构建

如何建立科学、系统的知识产权成果转化体系，提升农业科研院所整体知识产权成果转化管理水平，成为人们普遍关注的热点问题，也是衡量一个科研院所支撑产业、服务社会的重点工作之一。

（一）知识产权成果转化体系技术要求

1. 知识产权成果转化体系分类

知识产权成果转化体系包括基本体系和支撑体系。

基本体系指从事知识产权成果转化的主要类型、方式及业务系统，是科技成果转化应用的核心系统。

支撑体系指促进知识产权成果转化的各类资源、支持和保障系统，是科技成果转化应用的支撑系统。

2. 知识产权成果转化体系构建思路

构建思路是体系的经脉和灵魂，是知识产权成果转化体系构建的指导思想，是知识产权成果转化体系必须遵守的基本准则，也是对知识产权成果转化体系的方向性规定和原则性要求。

3. 知识产权成果转化体系发展目标

发展目标是预定要实现的最终结果和要达到的最终水平，是知识产权成果转化体系总体目的具体化、指标化。战略目标是知识产权成果转化体系构建的关键。

4. 知识产权成果转化体系任务重点

任务重点是为实现发展目标而选择的主攻方向和突破口。任务重点是知识产权成果转

化体系的重要谋略方式，只有集中力量，才能形成优势，也才能持久保持优势。

5.知识产权成果转化体系对策措施

对策措施是为实现发展目标和任务重点而采取的具体行动和手段，包括知识产权成果转化体系构建的各种手段、途径、方式、方法等。

6.知识产权成果转化体系实施保障

实施保障是知识产权成果转化体系顺利实施赖以依靠的条件和力量。没有系统的、必要的条件保障，再好的知识产权成果也会因难以执行而流为纸上谈兵或敷衍了事。

（二）知识产权成果转化体系构建流程

知识产权成果转化体系是一项顶层设计，需要自上而下地组织、自下而上地实施，并在运行过程中不断与组织和环境进行物质、能量和信息交换，发现问题适时对系统进行优化，以确保转化应用目的的实现。

知识产权成果转化流程包含 6 个环节，流程为：转化现状分析→转化模式选择→转化体系框架设计→体系相关方的确定→体系子系统的确定→转化体系内容的确定。

1.知识产权成果转化现状分析

（1）知识产权成果转化现状调查。现状调查是进行知识产权成果转化体系构建的第一步。调查内容应为单位基本情况、改革发展、人才、资产、收支、科技水平、开发水平、推广水平、对外合作情况、从事农业产业体系、重点学科、重要作物发展情况等。

（2）知识产权成果转化环境分析。对外部与内部环境进行分析并做出评价，外部环境因素分析主要包括政治、法律、经济、社会文化、科技、行业竞争等；内部环境因素分析主要包括组织发展战略、机构设置、人力资源状况、管理制度和保障体系等。

2.知识产权成果转化模式选择

要设计知识产权成果转化体系，必须先明确知识产权成果转化模式。只有选择好知识产权成果转化模式，才能有针对性地开展知识产权成果转化体系设计。

（1）从转化应用主体上选择模式。主要模式有自行转化应用模式、合作转化应用模式、技术转移转化应用模式、产学研合作转化应用模式、作价投资转化应用模式等。

（2）从转化应用对象上选择模式。主要模式有科技成果转化应用模式、科技资源转化应用模式、科技平台转化应用模式、科技企业转化应用模式等。

（3）从转化应用战略导向上选择模式。主要模式有以重大任务目标完成为导向的转化应用模式、以科研成果产出为导向的转化应用模式、以公益服务能力提升为导向的转化应用模式、以创新能力驱动发展为导向的转化应用模式。

3.知识产权成果转化体系框架设计

知识产权成果转化体系框架设计是构建知识产权成果转化应用体系的最核心环节，知识产权成果转化的目的、理念和方向通过这个体系框架得以实施。中国热带农业科学院根据国家促进知识产权成果转化有关法律法规、政策文件要求和院工作部署，结合自身知识产权成果转化应用工作情况，构建起热带农业全链条、系统化、一盘棋的知识产权成果转化体系框架。体系框架见图3-1所示：

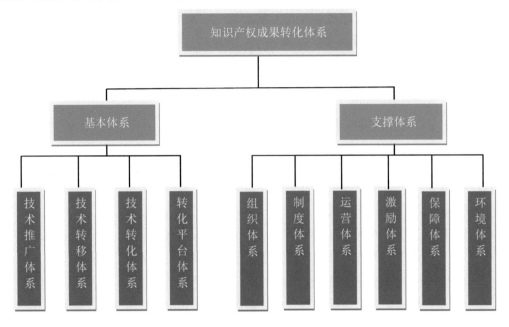

图3-1　知识产权体系框架

（1）基本体系。基本体系是知识产权成果转化应用的核心系统。包括转化平台体系、技术转化体系、技术转移体系和技术推广体系4个子体系。

（2）支撑体系。支撑体系是知识产权成果转化应用的支撑系统。包括组织体系、制度体系、运营体系、激励体系、保障体系和环境体系6个子体系。

4.知识产权成果转化体系相关方的确定

相关方主要指知识产权成果转化实施主体、对象和公众。重点是确定实施主体和对象。

成果转化主体通常包括4个方面：一是政府组织，二是行业性组织，三是第三方机构，四是组织主管机构。

成果转化实施对象一般包括组织、部门（团队）和个人三类。

5.知识产权成果转化体系子系统的确定

（1）转化平台体系指以知识产权为主要对象开展成果转化运营服务的载体场所。

（2）技术转化体系指以知识产权为主要对象开展经济利益转化活动的系统。

（3）技术转移体系指以知识产权为主要对象开展经济利益转移活动的系统。

（4）技术推广体系指以知识产权为主要对象开展社会公益服务活动的系统。

（5）组织体系指科技成果转化应用的组织管理系统，是一项关系科技成果转化应用全局的基础工作。

（6）制度体系指科技成果转化应用规定和准则的系统，是科技成果转化应用活动的体制保障。

（7）运营体系指科技成果转化应用全过程的管理系统，是科技成果转化应用组织存在并延续的根本。

（8）激励体系指科技成果转化应用的激励相关政策及机制系统，是激发科研人员创新创业的积极性的关键。

（9）保障体系指科技成果转化应用所提供的资源要素支持系统，是科技成果转化应用运行的基本保障。

（10）环境体系指科技成果转化应用的外部环境及影响系统，是科技成果转化应用运行的外部保障。

6.知识产权成果转化体系内容的确定

（1）转化平台体系包含知识产权综合信息服务平台、流转储备平台、投融资交易平台、对接活动平台等平台。

（2）技术转化体系包含知识产权成果自行转化、合作转化、作价投资等转化活动。

（3）技术转移体系包含技术转让、技术许可、技术开发、技术咨询、技术服务、知识产权评价、知识产权投融资等转移活动。

（4）技术推广体系包含技术服务、技术培训、技术示范、技术扶贫、技术援助等推广活动。

（5）组织体系包含知识产权成果转化组织结构（职能结构、层次结构、部门结构、职权结构等）、组织变革、组织再造等组织管理系统。

（6）制度体系包含知识产权成果转化基本管理制度、业务管理制度、操作层面制度等方面制度系统。

（7）运营体系包含知识产权成果转化的决策、计划、组织、指导、实施、控制等方面运行管理系统。

（8）激励体系包含知识产权成果转化的薪酬激励、兼职激励、长期激励、评价激励、荣誉激励、精神激励等方面激励系统。

（9）保障体系包含知识产权成果转化应用人才投入、资金投入、设施投入、成果投入等方面资源保障系统。

（10）环境体系包含知识产权成果转化法律法规、政策文件、产业发展、市场环境、外部联系等方面软环境系统。

（三）知识产权成果转化体系应用

1.知识产权成果转化体系实施

体系实施是体系构建和体系评价中间的一个重要环节，体系目标是否能够实现依赖于体系实施。知识产权成果转化体系实施过程中，高层需要协调各职能部门不断消除体系执行中的冲突和对抗，定期对体系执行情况进行检查和调整，确保体系执行与机构内外部环境与绩效目标协调一致。

2. 知识产权成果转化体系评价

体系评价是相关组织依照预先确定的评价内容、评价标准以及一定的评价程序，运用科学的考核方法对体系进行定期和不定期的评价，并运用评价的结果引导评价对象未来的工作行为和工作业绩。评价作为知识产权成果转化体系承上启下的核心环节，主要包括评价内容、评价方法、评价程序和评价主体等。

3. 知识产权成果转化体系改进

体系改进是体系应用过程中的一个重要环节，体系改进是指在经过以上两个环节后，应对不足之处进行反馈，找出绩效低下的原因，提出改进意见和建议，从而提升知识产权成果转化体系绩效和绩效潜能，达到最终提升知识产权成果转化总体绩效的目的。体系改进的成效是知识产权成果转化发挥效应的关键因素，对知识产权成果转化起着至关重要的作用。

二、中国热带农业科学院"十三五"知识产权成果转化分析

（一）知识产权成果转化工作基础

1. 国家促进知识产权成果转化环境全面优化

党的十八大提出创新驱动发展战略，将创新置于国家发展战略的核心位置；党的十九大提出乡村振兴战略，进一步加大农业领域科技成果转化力度。新修订《中华人民共和国促进科技成果转化法》（2015），国务院颁布《实施〈中华人民共和国促进科技成果转化法〉若干规定》（2016），出台《促进科技成果转移转化行动方案》（2016）、《国家技术转移体系建设方案》（2017），完成科技成果转化"四部曲"，推动科技成果使用权、处置权和收益权"三权下放"，提高科技成果转化的法定奖励比例，特别是个人比例，用制度手段与经济激励推动技术转移转化；加强专业化技术转移服务体系建设，构建科技成果转化服务平台；建立完善科技报告制度和科技成果信息系统，构建有利于科技成果转化的科研评价体系，为科技成果转化创造良好的制度环境。

为促进知识产权成果转化政策落地，提高实施知识产权成果转化的获得感、安全感，国家有关部委相应发布了一批促进知识产权成果转化的政策。如中共中央办公厅、国务院办公厅《关于实行以增加知识价值为导向分配政策的若干意见》、国家知识产权局等《关于推动科研组织知识产权高质量发展的指导意见》、农业部《农业部深入实施〈中华人民共和国促进科技成果转化法〉若干细则》、科技部等《关于扩大高校和科研院所科研相关

自主权的若干意见》、财政部《关于进一步加大授权力度　促进科技成果转化的通知》、人社部《关于支持和鼓励事业单位专业技术人员创新创业的指导意见》，等等，进一步畅通知识产权成果转化有关链条，为新时期中国热带农业科学院开展知识产权成果转化工作提供了全方位的政策依据。

经系统梳理，中国热带农业科学院涉及国家有关知识产权成果转化政策法规主要有60项，其中法律法规12项，政策制度48项（包括党中央5项、国务院9项、科技部16项、财政部8项、人社部2项、农业农村部5项、国家知识产权局3项）（图3-2）。

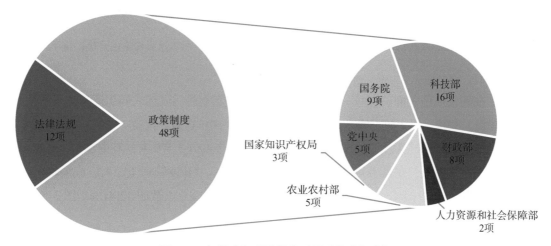

图3-2　知识产权成果转化适用政策法规来源

2. 院所促进知识产权成果转化基础不断加强

"十三五"以来，中国热带农业科学院按照"强实力、扩影响"工作部署，以问题为导向，强化资源要素支持，为知识产权成果转化释放新潜力、培育新动能、拓展新空间提供保障。

（1）在转化机构方面。"十三五"以来，中国热带农业科学院加大知识产权成果转化组织机构设置，强化院级对知识产权成果转化业务的指导和管理。中国热带农业科学院知识产权成果转化归口管理部门为院成果转化处，14个院属单位均设有科技处（办）和产业发展部，2个附属单位也设有产业开发管理部门。全院下属单位内设机构386个，其中内设管理类机构59个、科研类机构128个、开发类机构128个、外点类机构71个，开发类机构占中国热带农业科学院内设机构的33.16%（图3-3）。

（2）在转化平台方面。"十三五"以来，中国热带农业科学院加大知识产权成果转化条件建设投入，支持各单位开展知识产权成果转化平台等基础条件建设。目前，中国热带农业科学院拥有国家及省部级科技平台140个，其中科技创新类平台65个、成果转化类平台58个、国际合作类平台17个，成果转化类平台占全院科技平台的41.43%（图3-4）。另外，中国热带农业科学院自建有热带植物园4个、科技博览园2个，以及海口院区热科广场等一批资源转化平台。

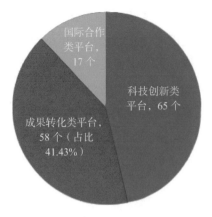

图3-3　院各单位内设开发类机构　　　　图3-4　国家及省部级成果转化类平台

（3）在转化队伍方面。"十三五"以来，中国热带农业科学院加大知识产权成果转化人才队伍建设，支持下属单位完善知识产权成果转化人才岗位设置、配备、培养、使用、流动等管理。截至2020年年底，中国热带农业科学院有工作人员3 579人，其中在编人员2 471人，编外人员743人。现从事科技开发人员1 160人，其中开发管理105人、成果转化233人、资源开发77人、经营服务745人，科技开发人员占全院总人数的32.41%（图3-5）。

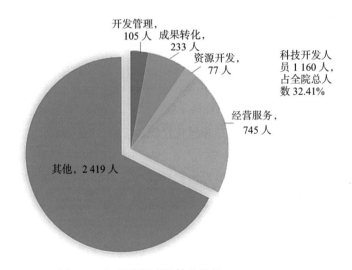

图3-5　知识产权成果转化队伍

（4）在转化储备方面。"十三五"以来，中国热带农业科学院加大知识产权成果持续稳定供给，拓宽知识产权成果来源类型渠道，推动中国热带农业科学院知识产权成果转化。中国热带农业科学院现储备有知识产权成果4 139项（个），包括授权有效专利2 317项、省部级以上科技奖励科技成果640项、研发产品502个、软件著作权318项、审定品种186项、重点技术176项。其中专利最多，占储备成果55.98%（图3-6）。

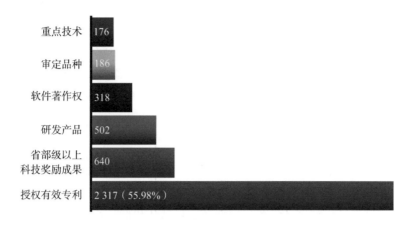

图 3-6　储备知识产权成果现状

（5）在转化资金方面。"十三五"以来，中国热带农业科学院加大重点知识产权成果转化项目投入，支持下属单位开展知识产权成果集成创新、中试实验、成果孵化等转化活动。"十三五"期间，中国热带农业科学院共投入基本科研业务费 33 620 万元，其中投入知识产权成果转化类项目 4 938 万元，占总投入 14.69%（图 3-7）。

图 3-7　知识产权成果转化项目投入现状

（二）知识产权成果转化工作进展

"十三五"时期，中国热带农业科学院紧紧围绕国家创新驱动发展战略和乡村振兴战略，按照科技创新、成果转化"双轮驱动"发展方针，积极担负起促进热带农业科技成果转化应用"排头兵"的职责使命，大力推进知识产权成果转化工作，全院呈现"能力不断提、规模持续升、增长中高速、质效中高端"的知识产权成果转化良好态势。

1. 初步构建起一套知识产权成果转化体系

"十三五"期间，中国热带农业科学院紧扣国家现代农业科技发展战略需求和新时代职责使命，面向热区经济社会建设主战场，从热带农业知识产权成果转化的全要素、全过程、全链条出发，建立科学、系统的知识产权成果转化基本体系和支撑体系两大体系10个子体系，初步构建起一套开放、协同、高效，院所一盘棋的知识产权成果转化体系，为激发中国热带农业科学院的科技创新活力，加快高价值的热带农业知识产权转移转化提供了有力支撑。

2. 集成创新了一批知识产权成果转化制度

"十三五"期间，中国热带农业科学院突出加强知识产权成果转化制度集成创新，不断优化知识产权成果转化环境，完善知识产权成果转化机制，为知识产权成果转化创造有利的条件，更好地提升知识产权成果转化效率，制修订了知识产权成果转化制度、方案共47项，其中战略管理文件3项、业务管理文件20项、平台管理文件16项、业务实施方案8项（图3-8），提升了中国热带农业科学院整体知识产权成果转化管理水平，调动各单位的知识产权成果转化积极性，激发科技人员创新创业活力。

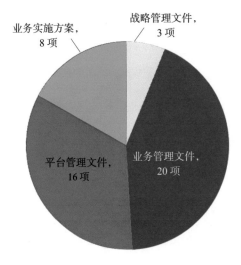

图 3–8　知识产权成果转化制度体系

3. 积极探索了现代知识产权成果转化模式

"十三五"期间，中国热带农业科学院围绕知识产权成果转化实践的痛点和难点，积极探索知识产权成果转化新模式，努力打通成果与产业的"最后一公里"转化通道，不断提高知识产权成果转化的效率和成功率。探索提出了"科技＋政府＋企业＋金融＋互联网"五位一体转化应用模式，推进创新链、产业链、资金链、政策链"四链"融合；总结推广了"科研、开发、旅游三位一体植物园区""科研＋企业＋农户＋基地"等特色产业发展模式，形成了中国热带农业科学院"成果＋资源＋平台"三融合转化应用特色，促进知识产权成果的工程化、产品化、产业化。

4. 优化建设了若干知识产权成果转化平台

"十三五"期间，中国热带农业科学院结合国家科技创新基地建设规划，优化调整现有知识产权成果孵化转化平台，布局推进建设国家、省部级和院级技术创新、成果转化和创新服务平台，发挥知识产权成果转化的引领和带动作用。中国热带农业科学院新增了国家现代农业科技示范展示基地、国家技术转移人才培养基地、热带农业技术转移中心、热带高效农业知识产权成果转化平台、热带高效农业高价值专利培育中心等转移转化平台28个。"十三五"期间国家及省部级转化平台增长达81.25%（图3-9），有效支撑了院知识产权成果转化开展。

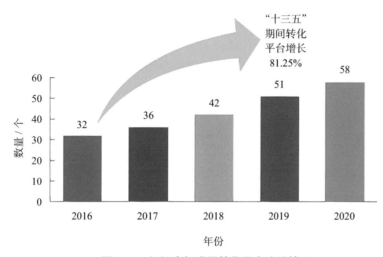

图3-9 知识产权成果转化平台建设情况

5. 不断拓展了多样知识产权成果转化形式

"十三五"期间，中国热带农业科学院强化院地、所企与行业合作，实现了从原来比较单一技术成果开发应用向自行实施转化、合作实施转化、产学研合作、成果转让、许可、作价入股、创业孵化等多种形式应用转变，加快科技与经济深度融合，促进知识产权成果加速转化为现实生产力。"十三五"期间，中国热带农业科学院累计实施知识产权成果转化1 944项，其中成果转让14项、许可109项、作价入股12项、产学研合作1 809项，有效引领了热带特色高效农业科研创新发展方向（表3-1）。

表 3-1   中国热带农业科学院"十三五"实施知识产权成果转化情况   单位：项

年份	成果转让项目	成果许可项目	成果作价投资项目	产学研合作项目	小计
2016	2	21	1	214	238
2017	2	22	3	350	377
2018	1	23	6	390	420
2019	4	21	2	437	464
2020	5	22	0	418	445
合计	14	109	12	1809	1 944

6. 研发上市了一批知识产权新产品新品种

"十三五"期间，中国热带农业科学院大力加强农产品科研中试转化基地建设，大力推进热带作物科技产品研发、中试熟化与产品市场化应用，先后研发具有知识产权的新食品、新肥料、新材料、新装备等科技产品达 257 种，上市新产品达 114 种，获授权新品种 37 种（表 3-2）。积极打造"小作物大产业"，促进中国热带农业科学院科技产品市场化应用。'兴科'香辛饮料等特色产品提升了人民群众的生活品质；'橡丰'电动割胶刀在主要植胶国广泛推广应用；'热研'天然橡胶、牧草、'华南'木薯、'中糖'甘蔗、'热农'芒果、'文椰'椰子等系列新品种成为主栽区当家品种。

表 3-2   中国热带农业科学院"十三五"科技产品情况   单位：种

年份	科技产品		植物品种
	研发新产品	上市新产品	授权新品种
2016	45	23	17
2017	62	32	2
2018	67	20	5
2019	43	21	8
2020	40	18	5
合计	257	114	37

7. 开发利用了一批优势特色科技园区资源

"十三五"期间，中国热带农业科学院发挥生物资源、科技文化优势，打造"绿色银行"，建立了热带植物园创新联盟，扩大兴隆热带植物园、海南热带植物园、海南椰子大观园、湛江南亚热带植物园四大植物园市场运营，启动了海口、儋州两大科技博览园建设运营，现有 4A 级景区 1 家、3A 级景区 4 家。重点建设海口创新创业孵化园和科技成果转移转化中心，启动建设儋州、湛江、兴隆、文昌创新创业孵化园和科技成果转移转化中心建设，促进科技资源与市场互联互通和开发共享。

8. 培育壮大了若干知识产权成果转化主体

"十三五"期间，中国热带农业科学院推动创新要素向院所办企业集聚，培育壮大院所办企业创新主体，发挥企业技术创新主体作用，增强知识产权成果转化吸纳力，促进政产学研深度融合。"十三五"末，院所在营独资或控股企业 18 家，重点加强了海南热作高科技研究院有限公司等以知识产权服务为主的科技型中小企业和"专精特新"企业培育；强化院所办企业运行管理，提高企业规范管理能力。"十三五"期间新增海南兴科热带作物工程技术有限公司等高新技术企业 2 家，现有国家高新技术企业 3 家。

9. 逐步形成了高端国家知识产权服务品牌

"十三五"期间，中国热带农业科学院技术开发、技术培训、技术咨询、检验检测、创业孵化、知识产权等专业化、国际化服务不断扩展，高端国家知识产权服务品牌逐步形成。组织布局申请注册"热科院""中热科技"等商标 10 个 223 类，初步构建院级商标品牌体系。组织启动了十大品牌产品和转化成果评选，入选中国国际高新技术成果交易会优秀产品 50 个、省级名牌产品 8 个，科技支撑文昌椰子、兴隆咖啡、攀枝花芒果、怒江草果、徐闻菠萝、儋州鸡等 10 余个区域品牌建设，增强了院对热区产业影响力。

（三）知识产权成果转化工作成效

1. 院所发展实力不断增强

"十三五"期间，中国热带农业科学院通过知识产权成果转化体系构建及推广应用，促进了院属各单位知识产权成果转化活力，科技成果转化、资源转化、科学普及等各项业务发展良好，增强了中国热带农业科学院自我造血能力，有效实现了科技价值，展现了院所发展实力。

（1）从总体发展实力上看，中国热带农业科学院"十三五"累计科技开发总收入约 17.39 亿元，其中院所自有收入 13.85 亿元，企业经营收入 3.54 亿元（表 3-3），年均科技开发收入 3.48 亿元，总体发展实力相对较强。

表 3-3　中国热带农业科学院"十三五"科技开发（自有收入）收入情况　　　　单位：万元

年份	科技开发总收入	院所自有收入			企业经营收入
		小计	成果转化收入	资源转化收入	
2016	26 619.29	21 295.88	19 200.36	2 095.52	5 323.41
2017	29 061.23	23 042.35	20 795.69	2 246.66	6 018.88
2018	33 290.82	24 721.07	22 110.53	2 610.54	8 569.75
2019	37 387.77	29 474.96	26 426.28	3 048.68	7 912.81
2020	47 526.81	39 989.36	36 758.25	3 231.11	7 537.45
合计	173 885.92	138 523.62	125 291.11	13 232.51	35 362.30

（2）从自我"造血"能力上看，中国热带农业科学院 2020 年自有收入接近 4 亿元，占全院总收入 12.74 亿元的 31.39%，比 2016 年提升了 14 个百分点（表 3-4），自我"造血"能力逐步增强，有效地弥补了财政经费的不足。

表 3-4　中国热带农业科学院"十三五"科技开发（自有收入）收入情况

年份	院所自有收入 / 万元	院所总收入 / 万元	自有收入占总收入 /%
2016	21 295.88	122 477.87	17.39%
2017	23 042.35	119 312.39	19.31%
2018	24 721.07	135 130.83	18.29%
2019	29 474.96	137 984.03	21.36%
2020	39 989.36	127 375.58	31.39%
合计	138 523.62	642 280.70	21.57%

（3）从开发收入增速上看，全院 2020 年科技开发收入约 4.75 亿元，比 2016 年 2.66 亿元增长 78.28%（图 3-10），年均增长 19.57%。全院 2020 年科技开发人员年均创收 40.97 万元，比 2016 年 27.22 万元增长 50.51%，开发收入增速较快。

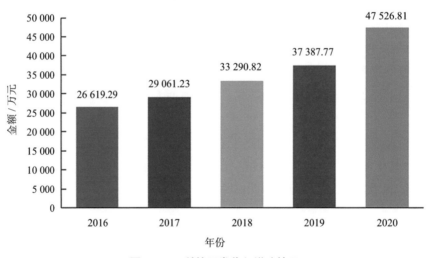

图 3-10　科技开发收入增速情况

（4）从开发收入结构上看，"十三五"全院累计科技开发收入 17.39 亿元（图 3-11），其中成果转化收入 12.53 亿元，占科技开发收入的 72.05%；资源转化收入 1.32 亿元，占科技开发收入的 7.59%；企业经营收入 3.54 亿元，占科技开发收入 20.36%。开发收入结构相对合理。

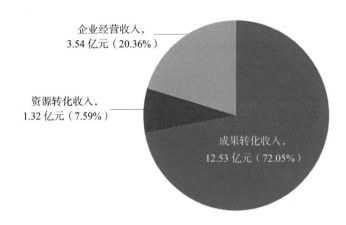

图 3-11　科技开发收入结构

2. 院所对外影响不断扩大

"十三五"期间，中国热带农业科学院通过知识产权成果转化，增强了中国热带农业科学院对热区农业产业支撑，新品种、新技术、新产品基本涵盖了热带农业重点领域和全产业链，并在科技助推热区脱贫攻坚与乡村振兴工作方面，受到了各级政府、部门的肯定和农民朋友的认可，中国热带农业科学院对外显示度和影响力得到较大提升。

（1）知识产权成果转化受到国家领导的高度重视。

2018 年 4 月 13 日，中共中央总书记、国家主席、中央军委主席习近平在庆祝海南建省办经济特区 30 周年庆祝大会上指出，要加强国家南繁科研育种基地（海南）建设，打造国家热带农业科学中心，支持海南建设全球动植物种质资源引进中转基地。要实施乡村振兴战略，发挥热带地区气候优势，做强做优热带特色高效农业，打造国家热带现代农业基地，进一步打响海南热带农产品品牌。

2021 年 5 月 8 日，中共中央政治局委员、国务院副总理胡春华在中国热带农业科学院儋州院区考察种业工作，亲临视察中国热带农业科学院展示新品种、新产品，对中国热带农业科学院天然橡胶等新品种和适用机械研发推广予以充分的肯定，强调要把种源安全摆在关系国家安全的战略高度，扎实做好种质资源普查、保护和利用，夯实打好种业翻身仗基础。

（2）知识产权成果转化获得省部领导的肯定性批示。

"十三五"期间，中国热带农业科学院科技助推海南"三棵树"产业发展等建议得到时任海南省省长沈晓明、副省长刘平治等领导的肯定性批示；中国热带农业科学院助推海南省乡村振兴行动得到海南省委副书记李军的肯定性批示；中国热带农业科学院科技助推攀枝花芒果产业发展工作得到农业部副部长余欣荣的肯定性批示；支持中国热带农业科学院建设知识产权服务业集聚区得到海南省省长冯飞、副省长王文斌的肯定性批示。

2021 年 5 月 7—8 日，中央农办主任、农业农村部部长唐仁健到中国热带农业科学院调研热带农业科技创新进展。他强调，中国热带农业科学院在热带农业科学研究领域人才济济、成果累累，功能不可替代，地位不可或缺。要发挥优势和特色，持续强化国家战略科技力量，为全面推进乡村振兴、加快农业农村现代化作出更大贡献。

（3）知识产权转化成果获得国家及省部级表彰。

"十三五"期间，中国热带农业科学院共牵头获各类省部级奖项 57 项：其中海南省奖 43 项、广东省奖 3 项、神农中华农业科技奖 6 项、全国农牧渔业 5 项；其中特等奖 1 项、一等奖 11 项、二等奖 20 项、三等奖 18 项，参与国家科学技术奖 2 项。

中国热带农业科学院作为唯一的国家级农业科研机构组织实施科技特派员工作，受到科技部先进典型表彰；攀枝花芒果和怒江草果产业扶贫模式被农业农村部、国务院扶贫办列入"全国第二批产业扶贫典型范例"。

中国热带农业科学院组织知识产权成果展览活动、科普活动和科技活动受到多项表彰，获 2018 年全国新农民新技术创业创新博览会优秀组织奖、2019 年中国国际高新技术交易会优秀组织奖，以及海南省第十三届、第十四届、第十五届、第十六届科技活动月优秀组织单位等。

三、中国热带农业科学院"十四五"知识产权成果转化规划

为贯彻落实开发富院战略目标，加快推进热带农业知识产权成果转化，扛起促进热带农业科技成果转化应用"排头兵"的责任，增强院经济实力和发展活力，根据农业农村部打造国家战略科技力量部署和《中国热带农业科学院"十四五"发展规划》，结合院工作实际，制定本专项规划。

（一）发展基础

"十三五"期间，中国热带农业科学院按照科研创新、成果转化"双轮驱动"发展方针，积极担负起促进热带农业科技成果转化应用"排头兵"的职责使命，大力推进知识产权成果转化，助推热区热带农业产业发展，自身经济实力得到较大提升。

主要体现为以下几点。一是转化体系初步建立。率先构建起全链条、系统化、一盘棋的热带农业知识产权成果转化体系框架。二是转化模式不断优化。创立了"科技＋政府＋企业＋金融＋互联网"五位一体模式，形成了我国农业科研机构"成果＋资源＋平台"三融合发展特色。三是转化制度建设不断完善。发布实施了多项促进科技成果转化和产业化管理制度（方案）。四是转化平台不断增加。拥有国家工程技术研究中心、国家农业科技园区、省级工程技术研究中心、工程研究中心、技术转移中心、产业技术创新联盟等转化平台 40 个，独资或控股企业 16 家，植物园区 6 座。五是转化形式不断优化。实现了从单一开发向自行实施转化、合作实施转化、产学研合作、成果转让、许可、作价入股、专

利权人入股、品牌入股、创业孵化等多种形式并重转变。六是知识产权品牌逐步形成。研究开发、技术培训、技术咨询、检验检测、创业孵化、知识产权、技术联盟、共享平台等专业化服务不断发展壮大。七是转化影响力不断增强。现有高新技术企业3家，4A级景区1家，3A级景区3家，科技支撑文昌椰子、兴隆咖啡、攀枝花芒果等10余个区域品牌建设。八是转化收入不断提高。年均增长10%以上，达3亿元以上，有效实现了科技价值，增强院所发展实力。

同时，中国热带农业科学院在知识产权成果转化还存在诸多瓶颈和不足，主要体现为：知识产权成果转化链条不顺、转化信息共享不够、转化机构设置不全、转化人才队伍不强、转化平台发挥作用不大、市场化运作经验不足，企业主导成果转化不力、优势资源开发利用不多、区域成果转化不畅，等等。这些问题亟待在"十四五"期间予以有效破解，拆除阻碍产业化的"篱笆墙"，加快知识产权成果转化速度。

（二）发展形势

随着全球科技创新和经济发展格局发生深刻变革和深度调整，我国经济发展进入新常态，知识产权成果转化面临着新机遇和新挑战。一是新一轮科技革命和产业变革，催生出大量的新技术新成果转移转化，推动形成了新的产业格局、生产方式和产业组织形态，亟须中国热带农业科学院加快创新知识产权成果转化机制，建立完善知识产权成果转化体系，才能率先实现经济实力的跨越增长。二是农业供给侧结构性改革成为知识产权成果转化的巨大拉力，亟须中国热带农业科学院积极融入热区九省区乡村振兴战略实施，融入技术市场，加快实验室成果中试熟化、应用技术开发升值，才能提高自主收入能力，应对财政拨款不足的压力，有力反哺科研促进良性发展。三是中央全面推进深化改革与扩大开放和海南自贸港建设，为中国热带农业科学院知识产权成果转化迎来重要发展机遇和广阔发展空间；《中华人民共和国促进科技成果转化法》等法律法规以科技成果产权改革为重点，着力破除制约技术要素流通和技术成果转化的体制机制障碍，为院发展提供了坚实的制度保障。四是大众创业、万众创新成为经济发展新引擎，社会化新型研发机构、转移转化服务机构不断兴起，亟须中国热带农业科学院孵化衍生优质科技型企业，促进高水平技术、高层次人才与高强度资本的深度融合，形成新的经济增长点，引领带动热带农业产业和热区实现创新发展。

（三）发展目标

1. 指导思想

深入贯彻落实创新驱动发展战略、乡村振兴战略和知识产权强国战略，坚持面向世界科技前沿、面向经济主战场、面向国家重大需求、面向人民生命健康，按照科技创新、成果转化"双轮驱动"发展方针，遵循"补短板、建优势、强实力、增效益"，优化知识产权成果转化体系，完善知识产权成果转化的体制机制，促进知识产权成果转化工作跨越式发展，打造"十百千转化工程"，打通热带农业科技创新与产业需求之间的连接障碍，加速热带农业知识产权成果在中国热区和世界热区转移转化。

2.基本原则

（1）突出转化导向。加强知识产权成果顶层设计和主动引导，强化知识产权成果转化体系建设，以需求为导向、以应用为导向、以市场为导向，树立"知识产权成果只有转化才能真正实现创新价值，不转化是最大损失"的理念。

（2）强化机制创新。建立健全知识产权成果转化机制，强化国家改革政策措施落实，努力营造知识产权成果转化宽松环境，形成有利于技术转移和成果转化的新机制、新模式和新业态。

（3）坚持质量优先。牢牢把握知识产权成果转化高质量发展的要求，找准突破口，抓住关节点，增强针对性，提高实效性，始终把高质量发展贯穿知识产权成果转化运营和管理的全过程。

（4）强化经济效益。以促进科技与经济发展紧密结合为导向，以实现经济效益为目标，加快推进知识产权成果转化，促进知识产权成果资本化、产业化，实现富所强院开发，引领热带农业发展。

3.总体目标

构建起运行顺畅、安全高效的全链条、系统化、一盘棋知识产权成果转化体系，集成应用一批知识产权成果和技术模式，培育壮大一批成果转移转化平台，开发利用一批优势特色资源基地，热带农业知识产权成果转化基地建设成效显著，"排头兵"的职责使命有效发挥，知识产权成果转化的质量和效率显著提升，经济实力和发展活力显著增强，形成热区有影响力的科技产业集群，引领未来热带农业产业发展。

4.具体目标

- 全院年知识产权成果转化收入达 5 亿元。
- 转让 / 许可 / 作价入股专利成果 150 项。
- 开发上市新产品（新品种）150 个。
- 开展产学研合作项目 1 000 项。
- 建设运营转化平台（基地）100 个。
- 打造高新技术企业 5 家。
- 优势资源开发利用率达 90%。

（四）主要任务

1.集成应用一批知识产权成果模式

着力加强重大知识产权成果和模式的集成熟化、示范推广和转化应用，有力支撑热带农业产业提质增效和热区农民持续增收。

（1）良种良苗。推广应用一批经济性状突出、发展潜力大的热带作物新品种，重点推进甘蔗、热带水果等脱毒健康种苗，以及橡胶、椰子等组培苗育繁推一体化发展，提高核心竞争力和市场占有率。

（2）科技产品。转化应用一批技术含量高、市场前景好的新产品、新饲料、新肥料、新农药、新材料、新装备，重点推进高性能橡胶、功能性食品、热带健康饲料、智能化装备等产品上市，满足热区乡村振兴和农业农村现代化对科技成果有效供给的需求。

（3）技术模式。推广应用一批绿色高效的重大病虫害防控、农机农艺农技结合、水土资源节约利用、农产品精深加工、农业废弃物高值利用等新技术、新标准、新工艺，加大合作开发"科研、开发、旅游三位一体园区""热带草畜一体化循环养殖""线上线下一体化技术转移"等若干现代新模式、新服务、新业态，强有力支撑热区优势产业发展和现代农业提质增效。

2. 培育壮大一批成果转移转化平台

（1）转化平台。优化提升现有国家重要热带作物工程技术研究中心、海南儋州国家农业科技园区等40个国家及部省级转化平台，推进平台实体化、市场化运行；结合科技人才与区位优势，布局新建10个新型知识产权成果转化、技术转移、双创服务和产业孵化平台，增强热带现代农业产业关键共性技术和产品研发与应用示范。

（2）院属企业。优化改革现有院所办企业，建立现代企业法人治理体系，强化企业良性经营管理，壮大中国热带农业科学院经济实力。大力孵化若干个掌握核心技术、拥有自主知识产权的高新技术企业，推动进入多层次资本市场。培育一个具有国际竞争力的创新型领军企业，打造科技成果转移转化及产业化集团，做强做大热带农业高科技产业。

（3）品牌建设。规范提升中国热带农业科学院品牌培育、运用、推广和保护工作，塑造10个特色产品品牌、10项转化成果品牌、10种转化模式品牌，科技支撑20个区域产业品牌发展。加大"中热科技"品牌建设，形成全国知名品牌。大力推进"热作北进"，构建线上线下营销平台，加快推进院品牌产品、模式"走出去"，不断提升中国热带农业科学院的显示度和影响力。

3. 开发利用一批优势特色资源基地

（1）内需循环。构建院所内需循环经济体系，强化绿色食品供应、园林绿化苗木、大型仪器设备、科技培训、科技论坛、知识产权服务等内部有偿服务，增强自我创收能力。

（2）孵化中心。按照海口、儋州、三亚、湛江、广州5个院区，兴隆、文昌、北京3个基地，广西、云南、四川（攀枝花）3个研究院和若干实验站的转化平台布局，建设区域知识产权成果转移转化中心和科技产业孵化器。

（3）种业中心。在各院区、分院、基地打造热带作物种业中心和南亚热带作物种业中心，以及各种业分中心和种业基地，构建"育繁推一体化"种业工程发展模式，建设国际热带作物种业中转基地。

（4）加工基地。推进兴隆、儋州、文昌、湛江4个加工及装备中试转化基地市场化运营，积极参与地方现代农业产业园、加工园区建设，打造国家热带农产品加工科技示范基地。

（5）绿色银行。依托热带植物园创新联盟，加快对兴隆热带植物园、海南热带植物园、海南椰子大观园、湛江南亚热带植物园四大植物园优化提升，加大对海口、儋州、文昌三大科技博览园建设运营。

（6）无烟工厂。加大资源整合力度，优化建设好科技培训中心、工程咨询中心、检验检测中心三大"无烟工厂"，加快推进大仪中心、大数据中心、知识产权中心等建设，打造专精特新服务高地。

（7）康养基地。全面盘活运营院所试验基地、房屋设施等闲置资产，让国家投资持续发挥效益，打造以康养基地为龙头，集绿色餐饮、特色产品等于一体资源转化基地。

（8）双创基地。加快对院所经营类资产市场化出租出借与投融资，积极参与地方特色产业小镇、城镇化建设，打造成果展示、科技服务、商贸服务等大众创业、万众创新示范基地。

（五）重点工程

大力实施"十百千转化工程"，促进知识产权成果转化的质量和效率显著提升，经济实力和发展活力显著增强。

1. 推进实施十大转化行动

按照知识产权成果转化目标任务，重点实施"热作成果北进"、"热作成果南下"、科技产品品牌化、热作产品商品化、健康饲料产业化、热作种业中心、科技培训基地、工程咨询基地、检验检测平台、公共服务平台、六次产业基地等10大转化行动。

（1）实施"热作成果北进"行动。

发挥院科技和资源优势，推进"热作成果北进"行动，进驻北京等大中城市和各分院，按照"科普示范＋观光体验＋产品展销"的运营发展模式，合作建设5个以上"热作成果北进"展示基地，树立科技品牌，扩大热作产业影响。

（2）实施"热作成果南下"行动。

发挥院科技和资源优势，推进"热作成果南下"行动，进驻西沙群岛、中沙群岛、南沙群岛，按照院地合作、军民融合的运营发展模式，合作建设5个以上岛礁农业和海洋生物资源开发示范基地，为"海上丝绸之路"提供科技支撑。

（3）实施科技产品品牌化行动。

实施"中热科技"品牌战略，布局建立中国热带农业科学院科技产品线上线下销售平台，策划储备100个以上中试产品、培育推出30个以上品牌产品、塑造形成10个以上品牌商品，塑造中国热带农业科学院功能性产品整体品牌形象，开拓国内外市场。

（4）实施热作产品商品化行动。

推进高性能橡胶、功能性食品研发、中试、生产—体化发展，重点开发高性能天然生胶、改性与复合材料等特种橡胶新品种，开发高品质功能性农副食品，走"专精特新"发展道路，科技支撑我国高端用胶和健康生活。

（5）实施健康饲料产业化行动。

推进健康饲料技术工程化，研发并形成安全优质高效热带畜牧、水产饲料产业聚群，打造中国热带农业科学院健康饲料品牌，促进热带饲料资源的增值，推动养殖业结构升级换代，实现健康饲料规模化、产业化。

（6）实施热作种业中心建设行动。

推进儋州、湛江等院区建设 1.5 万亩（1 亩 $\approx 667 m^2$，全书同）国际热带作物种业中心和南亚热带作物种业中心、若干种业分中心，构建"育繁推一体化"种业工程发展模式，培育推出 30 个以上优良品种，提高热带作物良种良苗覆盖率。

（7）实施六次产业基地建设行动。

以市场为导向，推进海口、儋州、文昌、大路科技博览园建设运营，打造集特色高效农业、产品开发、游览观光、科普教育、研学实践、现代康养于一体的六次产业示范园，延长农业的产业链，增加农业的附加值。

（8）实施培训咨询基地建设行动。

构建院科技培训与工程咨询管理体系，建设功能齐全的科技培训基地 5 个以上，形成多维立体的培训模式；建立高端热带农业智库，开展规划咨询、项目咨询等全过程管理服务，打造院培训和咨询品牌，助推乡村振兴及农业"走出去"。

（9）实施检验检测平台提升行动。

推进种苗、植物、农产品、林产品、食品质量环境安全检验检测、认证体系和能力建设，形成运行高效、支撑有力的检验检测平台，提供检验检测认证一站式服务，满足热带农业生产、贸易和消费全过程安全监控的需要。

（10）实施公共服务平台提升行动。

推进海口、儋州、广州技术转移、知识产权服务平台建设运营，打造高端科技服务平台；推进兴隆、儋州、文昌等院区科技成果孵化基地建设运营，打造现代农业科技孵化器与市场资源集聚中心。

2.建设优化百个转化平台

围绕科技服务、现代热带种业、高科技农资、特色高效种养、农产品加工、生态农业、休闲农业、农产品流通、健康服务九大产业板块和打造 18 类科技成果转化基地，重点建设、优化、运营 100 个知识产权成果转化平台（基地）。

热带作物良种良苗繁育基地（儋州、兴隆、文昌，湛江，广西，云南，攀枝花）。

热带农业高效专用肥中试基地（儋州）。

热带农业病虫害绿色防控基地（儋州、文昌，湛江）。

热带农业高效种养殖示范基地（儋州、文昌，湛江）。

热带生态循环农业示范基地（儋州、文昌，湛江）。

重要热带作物新材料加工中试基地（儋州，湛江）。

热带农产品精深加工中试基地（儋州、兴隆、文昌，湛江）。

热带健康饲料加工中试基地（儋州、文昌，湛江）。

热带农业副产物综合利用基地（儋州、文昌，湛江）。

热带农业机械与装备中试基地（儋州，湛江）。

热带产业公共服务基地（海口、儋州，广州）。

科技培训咨询服务基地（海口、儋州、兴隆、文昌、三亚，湛江、广州，广西，云南，攀枝花）。

检验检测服务基地（海口、儋州、三亚，湛江）。

南繁种业科技服务基地（三亚）。

热带农业科普旅游基地（儋州、兴隆、文昌，湛江、广州等）。

热带农业休闲康养基地（儋州、文昌、兴隆，湛江等）。

热带作物产品展示基地（儋州、兴隆、文昌、三亚，湛江、广州，广西，云南，攀枝花）。

内需循环绿色食品基地（儋州、文昌）。

3. 合作开发千个转化项目

结合院十百千转化工程实施，多方式转化应用技术含量高、市场前景好的新品种、新技术、新产品、新材料、新装置、新系统、新模式、新服务等项目 1 000 个以上。

（1）新品种。转移转化天然橡胶、甘蔗、冬季瓜菜、热带果树、热带香辛饮料作物、热带油料作物、南药、热带粮食作物、特色畜禽等具有自主知识产权新品种 50 个以上。

（2）新技术。转移转化分子育种等良种繁育技术，立体种植、立体种养、精准施肥等节本增效新技术，精准施药、生物防治、综合防控等绿色防控新技术，动物疫病防控、产品精深加工、农业资源综合利用、农业生态环境、农产品质量安全、农业机械化、农业信息化等现代化、标准化、智能化农业技术 200 项以上。

（3）新产品。开发上市天然橡胶等热带作物高效专用肥，绿色专用农药，热带水果、热带香辛饮料、热带木本油料、热带粮食作物、热带药用作物、旱作农业等功能性食品，生物化妆品，热带牧草与热带畜牧、水产等健康饲料等规模化、市场化、品牌化产品 60 种以上。

（4）新材料。开发上市军用工程胶、民用高端工程胶、民用高性能标准胶、橡胶炭化木、新型可降解材料、热带植物纤维、橡胶树种植材料等高性能材料和环保投入品 10 种以上。

（5）新装置。开发上市智能割胶刀，甘蔗全程机械，热带水果、热带香辛饮料、热带木本油料、热带粮食作物、旱作农业田间管理、收获、加工、检验检测等轻简化、自动化、智能化装备 10 个以上。

（6）新系统。转移转化热带农业大数据、智慧农业、农产品交易市场、质量安全追溯、农业科技服务等信息化软件、系统 10 个以上。

（7）新模式。推广应用科研、开发、旅游三位一体园区发展、热带草畜一体化循环养殖、肥药两减绿色果园生产、生态循环热带农业发展等新模式 10 种以上。

（8）新服务。开展技术开发、技术服务、技术咨询、技术培训、技术援助、知识产权服务等政产学研合作项目 800 项以上。

（六）保障措施

1.加强组织

（1）构建体系。积极扛起促进热带农业科技成果转化应用"排头兵"的责任担当，构建成果转化体系、技术转移体系、资源转化体系、服务"三农"体系、组织体系、制度体系、运行体系、激励体系、保障体系和环境体系共 10 个子体系，形成中国热带农业科学院全链条、系统化、一盘棋的科技成果转化应用体系框架。

（2）发展路径。大力推进"成果+资源+平台+产业"四融合实体化运作，挖掘一批高价值的专利及技术成果，充分利用现有院所各类资源，发挥院所各类平台作用，形成叠加效应，促进科技成果的工程化、产品化、产业化，实现经济效益和社会效益双赢。

（3）运行模式。积极推进"科技+政府+企业+金融+互联网"五位一体运行模式，组建新型研发机构，强化院地合作与所企合作，强化内需循环与科学分配，强化开放共享与互利共赢，强化同立项、同攻关、同转化、同收益、同发展，加快成熟技术成果和实用技术快速转化应用。

2.创新机制

（1）落实转化赋权机制。贯彻落实国家关于赋予科研人员职务科技成果所有权和长期使用权改革举措，建立成果转化赋权机制，理顺成果转化所有权、使用权、处置权和收益权。建立资产转化赋权机制，理顺资产转化所有权、使用权、处置权和收益权。

（2）强化转化决策机制。强化"谁拥有、谁决策、谁负责"的市场化决策机制，加速知识产权成果转化。强化院所办企业授权决策机制，完善法人治理结构，做大做强院所办企业。

（3）健全转化管理机制。健全多元化成果转化投入机制，切实保障知识产权成果转化活动的顺利开展。实行"投管分离、独立核算、自主运营、自负盈亏"转化平台管理机制，提升转化平台市场化运营能力。

（4）创新转化执行机制。建立健全多样化成果转化机制，促进知识产权成果转化的质量和效率显著提升。建立健全政产学研合作共赢联动机制，促进院地、所企合作可持续推进。

（5）完善转化奖惩机制。完善以"目标管理、量化考核、绩效奖罚"为导向的转化奖惩机制，充分调动院所知识产权成果转化的积极性。完善科技开发收入和成果转化收益奖励认定机制，激发工作人员创新创业的积极性。

（6）建立转化监督机制。建立职务发明由院统一披露和申请前评估机制，加大技术成果筛选、推介、交易和保护。建立民主决策、信息公示和监督管理等尽职免责监督机制，营造知识产权成果转化宽松环境。

3．强化保障

（1）强化转化人才保障。加大技术经纪人、工程咨询、市场营销、特聘专家等成果转移转化人才队伍配备，建设专业化技术转移和成果转化团队，人员规模达910人。加强成果转移转化人才培养、使用、流动、考评、奖惩等管理，成果转移转化队伍整体素质明显提高。

（2）强化转化资金保障。积极争取国家及地方财政支持，主动寻求国有企业合作，吸引转化基金等社会资本，加大院知识产权成果转化项目投入，确保总规模不低于5亿元的知识产权成果转化资（基）金群，支持转化平台开展科技成果集成应用、中试实验、成果孵化、产业化开发等活动，增强知识产权成果转化新动能。

（3）强化转化条件保障。加大知识产权成果转化平台（基地）条件建设投入，规划建设国家热带农业科学中心知识产权成果转化基地，争取总规模不低于5亿元的条件建设资金，支持各单位开展知识产权成果转化重大平台、转移转化基地等配套软硬件建设，为知识产权成果转化拓展新空间。

（4）强化转化成果保障。加强技术转移及知识产权服务专业机构建设，加大十大科技工程成果的挖掘，加强六大创新领域专利导航和高价值专利培育，拓宽科技成果来源渠道，持续稳定知识产权成果供给，确保储备可转化知识产权成果1 000项以上，推动知识产权成果转化工作高质量发展。

第四章
热带农业知识产权成果转化平台

一、热科（海口）知识产权服务业集聚区构建

热科（海口）知识产权服务业集聚区由中国热带农业科学院联合海南省知识产权协会、国家知识产权运营公共服务平台等单位合作共建。项目落户在中国热带农业科学院热科广场，项目建筑面积 1.8 万 m^2。

（一）建设目标

围绕海口市知识产权服务业集聚区建设总体方案，依托中国热带农业科学院等现有资源基础，合力共建热带农业产业知识产权服务业集聚区，通过"一个平台、二个中心、三个基地"建设，建成服务创新主体、优化产业升级的示范基地，培育知识产权服务业新业态、新模式的产业策源地，树立品牌、招引人才、发挥示范效应的宣传阵地。集聚区知识产权服务机构和人员进一步增加、知识产权服务范围和规模进一步扩大、服务能力和水平进一步提高、服务产值和效益进一步提升，初步形成布局合理、功能齐全、适应海口市创新发展需要的知识产权服务体系，为创建国家知识产权服务业集聚发展区奠定基础。

力争经过 3 年系统推进，建成专业化知识产权运营中心和完善的知识产权运营平台，实现线上线下服务协同推进，为技术转移提供完整的一站式服务。可运营专利不低于 1 000 件，其中发明不低于 400 件。引入知识产权服务机构达到 30 家，其他服务机构及行业组织达到 30 家，从业人员不少于 500 人，服务企业、大专院校与科研院所达到 1 000 家，企业产值年平均增幅超过 30%，带动知识产权服务业产值 2 亿元以上，实现科技成果转移转化价值超 20 亿元，完成知识产权服务业转型升级，知识产权服务业将成为高新技术服务业中最具活力的领域之一。

（二）建设重点

1."一个平台"

围绕海口市知识产权运营公共服务总平台，建设海口市热带农业产业知识产权公共服务平台。

打造政策宣传及科技咨询、知识产权服务及运营、知识产权维权与法律援助、专利导航及高价值专利培育、企业知识产权贯标及高新技术企业培育、产品及交易服务、人才培训及学术交流、价值评估及投融资等为一体的热带农业产业知识产权公共服务平台，发挥知识产权服务集群效应，为创新主体提供"一站式"知识产权服务，按照专业化、集成化、模式化的建设思路，科学管理，高效运转，不断提升知识产权服务水平，为企业、高校和科研院所知识产权发展提供优质知识产权服务，形成以推动热带特色高效农业知识产权运营为主题的知识产权服务业聚集和产业聚焦。

建立全链条知识产权服务体系。制定包括《热科（海口）知识产权服务业集聚区建设方案》在内的一系列知识产权服务业集聚发展的措施，营造促进知识产权服务业发展的有利环境，联合海南省知识产权协会，规范集聚区知识产权服务市场，推动建立知识产权服务行业反恶性低价竞争的自律制度，倡导专业优质服务，营造健康的服务市场环境，以科技创新需求为导向，优化知识产权代理、信息、咨询、托管、维权、评估交易、法律服务、投融资、转移转化、人才培训等服务资源配置，构建围绕热带特色高效农业产业的完整知识产权服务链条，推动打造海口市知识产权服务高地。

2."两个中心"

围绕打造热带特色高效农业产业知识产权运营中心，重点建设热带特色高效农业技术转移中心和热带特色高效农业高价值专利培育中心。

（1）热带特色高效农业技术转移中心。依托中国热带农业科学院技术转移中心、海南热带农业国际技术转移中心，联合中国热带作物学会、海南省天然橡胶协会、海南省椰子产业协会、海南省高新技术企业协会、海南省农产品加工企业协会，围绕海南和产业发展需求，建设热带农业技术成果库，涵盖重要热带经济作物、特色热带果树、热带香辛饮料、热带糖料、热带油料、热带纤维作物、南药、热带饲料作物、热带粮食作物、热带冬季瓜菜、热带花卉、热带畜牧等产业领域，以良种良苗繁育、高产高效栽培、产品加工、副产物综合利用技术为重点，形成系统性、配套性和工程化的新成果、新技术、新品种、新产品，支撑产业的可持续发展和转型升级。

以"一带一路"沿线国家为重点，面向全球，结合海南经济社会发展需求，以促进技术要素的跨境流动为目的，打造综合性国际技术转移协作和信息对接平台。开展热带农业实用技术向东南亚、非洲、拉美和南太平洋岛屿地区国家的转移，促进我国热带农业科技成果在国际的转化应用，服务国家"一带一路"倡议和农业"走出去"战略。

（2）热带特色高效农业高价值专利培育中心。打造热带特色高效农业高价值专利培育中心。重点围绕符合海南热带农业产业发展方向开展知识产权服务提升工程，通过建平台、聚资源、聚人才、聚服务，强化"创造、保护、运用、管理、服务"，联合海南省高新技术企业协会，积极开展以专利导航、专利信息分析与利用为引导，以提升专利质量、实现以知识产权价值为核心的知识产权服务，建立业务精、信誉好的专门知识产权服务机构与重点企业、重点项目"一对一"辅导机制，从项目研发启动初期开始，灵活运用专利信息，找准研发的起点、重点和方向，深入挖掘高水平、高技术含量的技术方案，由高水平专业人员撰写高质量专利申请文件，研究确立客观评估评价标准，在高质量、高价值专利培育过程中认真负责地做好评估评价，实现权利稳定性好，知识产权布局保护完善，更加精准和富有成效的高价值专利培育体系，推动实现热带特色高效农业产业优化。

3."三个基地"

围绕打造热带特色高效农业知识产权转化平台，建设小微企业创新创业示范基地、知识产权密集型产业基地和高层次人才培养基地。

（1）小微企业创新创业示范基地。通过建设中国热带农业科学院海口创新创业基地、热科（海口）知识产权小微企业创新创业示范基地，聚集各类创业创新服务资源，按照"技术发明、知识产权成果保护与维护、技术转移转化、产业发展、人才支撑、产业升级优化"的全链条创新发展路径，从集聚高端技术创新资源、提升高校院所创新活力、强化企业科技创新主体地位、促进资源开放流动等方面发力，科技成果转化全链条体系逐步形成，实现新技术革命、技术互联互通，激发实体经济参与技术交易的活力，为小微企业提供有效服务支撑，充分展示示范基地的典型示范作用，形成服务创新主体、优化产业升级的特色示范基地。

（2）知识产权密集型产业基地。通过培育若干热带特色高效农业知识产权密集型企业，推动企业向价值链、产业链中高端延伸。推动企业围绕技术创新和市场开拓优化专利布局，形成知识产权资源储备，促进企业知识产权创造提质增效。支持企业实施将知识产权战略融入企业经营发展战略，以知识产权优势构筑企业发展优势和市场优势。引导企业提高知识产权创造质量和运用效益，促进产业转型升级。推动企业提高知识产权运用水平，加快实现创新成果的价值，提升企业核心竞争力。探索知识产权服务机构可以拓展的经营领域，如知识产权与科普、研学、旅游、金融等服务业跨界融合发展，加快业态和模式创新构建产业生态圈，培育知识产权服务业新业态、新模式。

（3）高层次人才培养基地。通过建设科技创新人才培养基地、国家（海南）技术转移人才培养基地、知识产权人才培养基地、就业见习基地等，树立品牌、招引人才、发挥示范效应。宣传知识产权服务有关政策，强化人才培育，激励与引导服务机构引进高端人才和紧缺人才，加快培养本土高层次知识产权服务人才。依托重点产业和优质企业培养科技创新与知识产权领军人才、知识产权管理和服务型人才、科技创新与知识产权相关人才；

培养具有专业知识素养的技术转移经纪人才，对加快科技成果转移转化储备专业人才队伍；面向高校定期开展岗位相关知识产权培训；打造知识产权系列研学课程，以寓教于乐的形式向更多的孩子普及知识产权相关知识。

（三）建设模式

建设运营采取"1+1+X+N"共建模式。

"1"指中国热带农业科学院作为核心的发起方，是平台载体和建设主体。"1"指海南省知识产权协会，作为联合建设主体。"X"指海南热作高科技研究院有限公司、海南热带农业国际技术转移中心、海口汉普知识产权代理有限公司、广州三环专利商标代理有限公司海口分公司，作为运营主体。"N"指国家知识产权运营公共服务平台、国家知识产权局专利局专利审查协作湖北中心、海南国际知识产权交易中心、海南大学、海南师范大学、海南医学院、中国热带作物学会、海南省天然橡胶协会、海南省椰子产业协会、海南省农产品加工企业协会、海南省高新技术企业协会、中部知光（武汉）技术转移有限公司等，作为协同运营单位，根据各单位的需求和专业方向分步建设知识产权服务工作站，为企业提供一站式的专业服务。

（四）主要任务

1. 打造热带农业产业知识产权公共服务平台

联合国家知识产权运营公共服务平台共同建设海口市知识产权运营公共服务平台，围绕海口市产业转型升级、知识产权创新和运用需求，与国家知识产权运营公共服务平台深入合作，打造集科技咨询、知识产权代理、知识产权代理援助、专利挖掘与布局、托管、运营、维权、交易、评估、分析评议、质押、专利导航及高价值专利培育、企业知识产权贯标及高新技术企业培育等于一体的知识产权服务机构聚集区及知识产权运营公共服务平台，形成以推动知识产权证券化为主题的知识产权服务业聚集和产业聚焦。吸引知识产权服务机构不少于30家，其中有资质的专利代理机构不少于10家，以知识产权运营服务为主业的服务机构不少于5家。

基于国家知识产权信息公共服务网点，开发或者利用现有特色热带农业产业知识产权信息平台和信息分析工具，积极开展信息分析、信息预警和产业发展咨询等高端服务或增值服务，建设知识产权信息服务平台和专题数据库，助力创新创业，为政府决策提供咨询服务。每年为企业提供知识产权信息检索、咨询服务不少于50次。

2. 打造热带特色高效农业技术转移中心

通过加强农业企业和科技服务行业技术交流，开展热带农业共享品种与技术交流合作，有效促进技术转移转化，组织举办科技成果推介活动，开展科技成果和项目路演推介。储备可运营专利不少于1 000件，其中发明不少于300件。每年举办热带高效农业对接会、研讨会等不少于 10 次，组织参加高新技术成果交易会、热带博览会等国内外会展活动不少于 5 次。

通过承办农业经营主体带头人轮训、农村实用人才带头人培训、农业产业精准扶贫带头人培训等，培育壮大一批新型农业经营主体，推广热带现代农业技术成果；承办商务部、农业农村部、科技部等各类援外技术培训班，向国外推介我院的新技术新成果新产品。每年组织各类农业技术培训不少于 10 次，培训人次不少于 200 人。

3. 打造热带特色高效高价值专利培育中心

联合海南省椰子协会、海南省天然橡胶协会、海南省槟榔协会、海南省农产品加工协会等单位共同建设高价值专利培育中心，重点围绕 6 个符合海口产业发展方向的产业园区开展园区知识产权提升工程；围绕 3 个全市重点热带产业积极建立专利导航工作机制、组织企业开展知识产权管理规范培育、专利信息分析与利用等工作，建设知识产权密集型产业园区；重点发展热带特色高效产业，加强农业与高新技术的研究与开发应用，积极推广优良品种和农业先进适用技术，加快农业科技成果的转化与推广应用，积极促进农业产业的快速转化升级，加快农业产业不断优化。开展产业导航和企业运营类导航项目各 10 个；实施高价值专利组合培育计划，建立具有较大规模，专利布局合理，对加快产业发展和提高国际竞争力具有支撑保障作用的高价值专利组合不少于 20 个。

4. 打造海口市知识产权双创服务基地

创新运行机制，优化服务模式，拓展发展空间，厚植发展基础，建立运营管理规范、商业模式清晰、创新链完整、产业链协同、服务功能齐全、社会公信度高的知识产权创新创业基地，形成具有特色优势和行业领先的海南小型微型企业创新创业示范基地，为入驻小微企业提供有效服务支撑，吸引涵盖农业、信息、科研、金融、法律咨询、科技服务等多个行业的服务机构和中小微企业 50 家以上入驻，从业人员不少于 500 人。满足中小微企业技术服务、市场营销、融资服务、咨询服务、技术培训知识产权服务等个性化服务需求。大力提高在孵企业知识产权意识，有效促进在孵企业专利申请量和质量双提升，持续推进双创服务基地知识产权运营、保护、管理和服务水平提升，培育和孵化出若干科技创新型企业、产业技术平台和行业协会，形成有特色优势和行业领先的国家小型、微型企业创新创业示范基地。

5. 打造知识产权密集型产业基地

发挥中国热带农业科学院在热带产业创新中的引领作用，联合海南省椰子协会、海南省天然橡胶协会、海南省槟榔协会、海南省农产品加工协会等产业服务组织，共同完善知识产权密集型产业培育体系，引导热带产业向价值链高端攀升，推动知识产权密集型产业发展。鼓励聚集区内热带农业领域企业，面向热区战略需求和未来产业发展，大力推进原始创新，努力在科学技术前沿领域获取具有战略储备价值的知识产权，创造一批支撑产业发展的高质量知识产权，加快提升产业核心竞争力。通过实施园区知识产权提升工程、知识产权密集型产业培育工程、知识产权托管工程、专利导航工程和高价值专利组合培育工程 5 个工程计划，使基地能更好地成为海口市科技创新与技术转移的承载平台，构建起涵盖热带特色高效农业、高新技术产业和现代服务业的创新创业服务体系，促进园区企业产值年平均增幅超过 30%，带动知识产权服务业产值 2 亿元以上，实现科技成果转移转化价值超 20 亿元。

6. 打造海口市知识产权人才培训基地

联合国家知识产权运营公共服务平台、国家知识产权局专利局专利审查协作中心、七弦琴国家知识产权运营平台建立多层次知识产权人才培养机制。以中国热带农业科学院、海南大学、海南师范大学、海南医科大学等高校科研院所为依托，建立知识产权人才培训基地，每年针对大专院校学生、科研技术人员或知识产权从业人员开展知识产权专业培训不少于 10 次，培训人次不少于 300 人。依托科技部火炬中心认定的国家技术转移人才培养基地，开展国家（海南）技术转移人才培养，每年开展技术经纪人培训不少于 1 次，培养初级技术转移经纪人、中级技术转移经纪人和高级技术转移技术经理人总人数不少于 100 人。以海口热带农业科技博览园为平台，每年开展知识产权研学课程不少于 5 次，普及教育人数不少于 100 人。

（五）保障措施

1. 组织保障

建立由国家、省、市、区组成的共同推进聚集区建设的工作机制，成立由海口市政府、海南省知识产权局、海口市市场监督管理局（市知识产权局）指导下的聚集区建设协调机制，将聚集区建设纳入海口市知识产权工作重点，每年召开 2~3 次专题协调会议，统筹协调聚集区建设的相关事宜。中国热带农业科学院成立以副院长为组长的热科（海口）知识产权服务业聚集区建设领导小组，协调有关资源全面支持服务业聚集区运营工作，监督指导服务业聚集区及区内知识产权服务平台运营管理。

2. 政策保障

知识产权工作部门有针对性地制定和完善有助于知识产权服务业发展的扶持和激励政策，加强区域政策、科技政策、金融政策、产业政策与知识产权服务业政策的衔接，推动知识产权服务业健康发展。相关部门出台支持知识产权服务业发展的政策，将知识产权服务机构进驻和发展所需要的土地优惠、房屋补贴等方面作为支持聚集区发展的重要内容，营造有利于知识产权服务机构发展壮大的政策环境。

3. 经费保障

目前中国热带农业科学院、海南省知识产权协会和运营机构自筹部分资金，另外引导信贷资金、外资和社会资本多渠道投向知识产权服务业。需政府加大直接购买知识产权服务的力度，将知识产权服务纳入省、市重点工作，为知识产权服务业发展提供强有力的资金保障。

4. 监督保障

探索建立知识产权服务业聚集区统计监测和评估体系，加强对知识产权服务业重点领域和重点企业的统计和跟踪，掌握知识产权服务业的发展状况，评估政策实施效果和资金投入绩效，不断完善知识产权服务业的政策措施，为政府调整工作部署提供支持，确保聚集区建设取得实效。

二、热带农业知识产权成果转化平台构建

（一）总体目标

面向世界科技前沿、面向经济主战场、面向国家重大需求、面向人民生命健康，服务海南自由贸易试验港建设和热带农业产业技术需求，搭建起全产业链覆盖、全过程服务的一站式热带高效农业技术服务网络与交易平台，形成具有区域辐射带动作用和产业服务功能完备的知识产权成果转化平台，开展热带高效农业知识产权储备布局、价值评估、转让许可、作价入股、产业化、投融资等知识产权成果转化服务，促进知识产权成果在本土企业和"走出去"企业的转化应用。

完成热带高效农业知识产权成果转化平台的建设，平台拥有可转化专利 1 500 件以上，其中发明专利 400 件以上；平台转移转化高价值科技成果 10 项以上，开展国内外知识产权交易服务对接活动 10 次以上，为政府和企业提供科技咨询和科技服务 10 项以上。

（二）建设任务

1. 搭建热带高效农业知识产权综合信息服务平台

开发热带高效农业知识产权运营服务的综合门户网站，征集、筛选、加工科技成果信息和企业市场的需求信息，实现信息快速发布与便捷线上交易；开发项目交易系统，实现挂牌交易，双向撮合，项目融资交易结算等全过程服务，使技术交易规范化；利用多媒体会议系统，实现项目的远程对接，异地项目评审，协同合作等互动、交流。从而形成集科技成果展示、政策宣传、服务咨询、人才培训、学术交流、法律援助、产品及服务交易、托管、储备、资质信用等各方面的资源共享、合作共赢的综合信息服务平台，为农业高新技术成果转化提供全过程服务。

2. 搭建热带高效农业高价值专利流转储备平台

建立热带高效农业高价值专利流转储备库，重点对高价值全产业链的自主知识产权成果进行储备入库、梳理分类、分析评估、流程维护、价值增值等操作，形成一个具备热带

高效农业高价值知识产权信息储备、知识产权信息管理、知识产权流转交易的专家系统。利用专家系统建立公正权威的评价体系，为项目撮合提供有价值的成果评估。同时通过做市商介入对储备的专利进行技术分析和价值评估甄选，并进行做市交易，解决专利市场存在供需不平衡现象，减少闲置专利，实现知识产权的流转、交易，提升知识产权持有量及利用率。

3. 搭建热带高效农业知识产权投融资交易平台

与海南国际知识产权中心等机构联合共建，建立热带高效农业知识产权投融资交易平台，推动科技和金融的紧密结合，充分利用银行、基金、信托、投资机构、第三方担保机构等金融资源促进自主创新和知识经济发展，帮助企业融资。同时建立融资风险分担机制，做市商的融资风险由知识产权交易平台、资产评估公司、第三方担保机构共同承担，实现对知识产权风险的有效控制。积极助推热带高效农业知识产权质押、知识产权证券化、知识产权信托业务开展，探索知识产权回购交易，一站式直达企业融资终点。

4. 搭建热带高效农业知识产权成果对接活动平台

通过线上发布热带高效农业相关知识产权活动的方式，助力开展热带高效农业知识产权价值评估、转让许可、作价入股、产业化、投融资、学术交流、咨询服务、产学研合作、人才培养等交易、交流、展销对接活动服务，加快对科技成果进行二次开发或指导进行孵化、推介、推广，进一步促进科技与市场合作交流，释放科技成果转移转化溢出效应。

5. 对外开展热带高效农业知识产权成果转化交易服务

对接开展热带高效农业知识产权储备布局、价值评估、转让许可、作价入股、产业化、投融资等知识产权成果转化交易服务，定期组织开展热带高效农业科技学术交流、咨询服务、产学研合作、人才引进培养等知识产权交流、展销对接活动，推动热带高效农业知识产权服务业聚集区建设，促进知识产权成果在本土企业和"走出去"企业的转化应用，不断提升海口市科技创新能力，当好海南省现代农业发展的领跑"龙头"。

（三）运行模式

1. 组织架构

热带高效农业知识产权成果转化平台在海口市知识产权局指导下，实行中国热带农业科学院领导下的平台主任负责制（图4-1）。

（1）平台建设机构。中国热带农业科学院为转化平台建设机构，设立热带高效农业知识产权成果转化平台指导委员会。指导委员会由院领导、院有关职能部门和单位负责人组成。

主要职责：负责规划转化平台的建设与发展；审议转化平台有关重大决策和管理制度；监督和审查转化平台财务预决算；协调海口市知识产权局及相关单位间的关系和资源配置；检查、评转化平台的运营组织与管理工作及其成效。

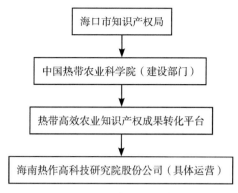

图 4-1　平台组织架构

（2）平台管理机构。平台班子是转化平台的管理机构，在平台指导委员会领导下开展工作。平台班子由平台主任、副主任组成。

主要职责：负责制定转化平台发展规划、年度计划并组织实施；制定转化平台规章制度、运营规则及办法；组织转化平台运营内部机构的设置、建设与运行评估；抓好转化平台的条件建设，建设好综合信息服务平台；抓好转化平台人才队伍建设，培养专业转移转化技术服务人才；组织协调转化平台资源，组织技术交易咨询服务；执行和落实指导委员会决策及其他工作部署。

（3）平台运营机构。海南热作高科技研究院股份公司为中国热带农业科学院下属企业，具体负责转化平台市场化运营，在中国热带农业科学院领导下，开展科技成果的知识产权交易与运营、技术转移与转化、智慧农业、科技金融、创业孵化与技术开发等日常运营工作。

2.运行机制

（1）运营模式。构建以政府为支撑、科技为依托、企业为主体、投资为引擎、服务为先导的公益与市场相结合的"政府＋科技＋企业＋资本＋互联网"五位一体知识产权运营模式，促进热带高效农业知识产权成果的有效转化和先进应用技术的快速转移。

（2）运营机制。构建"五化"知识产权运营工作体系，即建立组织协同化推进机制、平台网络化布局机制、转移国际化合作机制、运行专业化管理机制、服务市场化运营机制，确保各项工作规范运行，提高热带高效农业知识产权交易服务水平和效率。

（四）保障措施

1.人才团队

热带高效农业知识产权成果转化平台管理机构设主任1名、副主任1名，专职管理人员4名。另配备运营服务人员40名，其中专职人员25名、兼职人员15名。形成了一支特色鲜明和优势明显的热带农业知识产权成果转化的人才队伍，为转化平台的正常运转提供人才保障。

2. 办公保障

热带高效农业知识产权成果转化平台配有 80 m² 管理办公场所、650 m² 服务工作场所，设有 500 m² 科技成果展馆和 600 m² 报告厅和会议室，配备所需仪器设备和家具，搭建有热带农业大数据平台，为开展热带农业成果知识产权运营工作提供良好保障。

3. 资金配置

建立风险共担、利益共享的多元化投资机制，确保完成建设方案的目标任务。一是申请省市知识产权和成果转化平台建设和运行补助专项资金支持；二是中国热带农业科学院科技成果转化应用专项和人员经费支持；三是以市场为导向，通过技术转让等方式获得企业支持。

三、热带农业知识产权成果转化平台开发

（一）热带高效农业知识产权综合信息服务平台

1. 平台开发的目的

开发热带高效农业知识产权运营服务的综合门户网站，征集、筛选、加工科技成果信息和企业市场的需求信息，实现信息快速发布与便捷线上交易；开发农业科技成果或项目交易系统，实现挂牌交易，双向撮合，项目融资交易结算等全过程服务，使技术交易规范化；利用多媒体会议系统，实现项目的远程对接，异地项目评审，协同合作等互动、交流。从而形成集科技成果展示、政策宣传、服务咨询、人才培训、学术交流、法律援助、产品及技术服务交易、托管、储备、资质信用等各方面的资源共享、合作共赢的综合信息服务平台，为农业高新技术成果转化提供全过程的服务。

2. 软件的主要功能

门户网站可以展示系统中的知识产权综合信息服务相关信息，如科技资源管理、科研成果管理、意向出价管理、需求管理、新闻管理、服务管理、转移管理。

（1）科技资源管理。科技资源管理实现对个人账号、企业、院校、研究机构、其他组织、服务商数据的集中管理，其中包括科技资源列表展示、新增/编辑/查询/删除的操作。管理员可以导出所有科技资源信息。

（2）科研成果管理。科研成果管理实现对科研成果信息数据的集中管理，包括科研成果列表、新增/编辑/查询/删除科研成果。

（3）意向出价管理。意向出价管理实现对意向出价数据的集中管理，包括意向出价列表、新增/编辑/查询/删除意向出价。

（4）需求管理。需求管理实现对农业知识产权需求信息的集中管理，包括需求列表、

新增 / 编辑 / 查询 / 删除需求。

（5）新闻管理。新闻管理实现对新闻消息、咨询的集中管理，包括新闻列表、回复 / 审核 / 删除新闻，管理员可以审核上传的科技资源的新闻，通过审核后可以展示在门户网详情页的新闻区。

（6）服务管理。服务管理实现对平台提供的各类知识产权技术服务信息进行集中管理，包括服务列表、新增 / 编辑 / 删除服务。

（7）成果转移管理。成果转移管理实现对所有平台成果转移、交易等信息进行集中管理，包括成果转移列表、新增 / 编辑 / 删除成果转移，转移后的成果将会发布到门户网。

（二）热带高效农业高价值专利流转储备平台

1. 平台开发的目的

建立热带高效农业高价值专利流转储备库，重点对高价值全产业链的自主知识产权成果进行储备入库、梳理分类、分析评估、流程维护、价值增值等操作，形成一个具备热带高效农业高价值知识产权信息储备、知识产权信息管理、知识产权流转交易的专家系统。利用专家系统建立公正权威的评价体系，为项目撮合提供有价值的成果评估。同时通过做市商介入对储备的专利进行技术分析和价值评估甄选，并进行做市交易，解决专利市场存在供需不平衡现象，减少闲置专利，实现知识产权的流转、交易，提升知识产权持有量及利用率。

2. 软件的主要功能

门户网站可以展示系统中的知识产权成果相关信息，如专利、商标、著作权、植物新品种、专有技术、其他成果、专家等。

（1）专利管理。专利管理实现对专利信息的集中管理，包括专利列表展示、新增 / 编辑 / 查询 / 删除专利。

（2）专利案件管理。对高价值全产业链的自主知识产权成果专利案件进行储备入库、梳理分类、流程维护。

（3）商标管理。商标管理实现对商标信息的集中管理，包括商标列表展示、新增 / 编辑 / 查询 / 删除商标。

（4）著作权管理。著作权管理实现对著作权信息的集中管理，包括著作权列表展示、新增 / 编辑 / 查询 / 删除著作权。

（5）植物新品种管理。植物新品种管理实现对植物新品种信息的集中管理，包括植物新品种列表展示、新增 / 编辑 / 查询 / 删除植物新品种。

（6）专有技术管理。专有技术管理实现对专有技术信息的集中管理，包括专有技术列表展示、新增 / 编辑 / 查询 / 删除专有技术。

（7）其他成果管理。其他成果管理实现对其他成果信息的集中管理，包括其他成果列表展示、新增 / 编辑 / 查询 / 删除其他成果。

（8）专家管理。专家管理实现对专家信息的集中管理，其中包括专家列表展示、新增 / 编辑 / 查询 / 删除专家。专家需先实名认证个人账号再申请成为专家。列表中展示所有专家账号基本信息，包括职称等级、从业时间、最高学历、主修专业等，管理员可以对专家信息进行审核操作，审核通过后的专家信息会展示到科技资源列表下，管理员可以导出所有专家账号信息。

（三）热带高效农业知识产权投融资交易平台

1. 平台开发的目的

建立热带高效农业知识产权投融资交易平台，推动科技和金融的紧密结合，充分利用银行、基金、信托、投资机构、第三方担保机构等金融资源促进自主创新和知识经济发展，帮助企业融资。同时建立融资风险分担机制，做市商的融资风险由知识产权交易平台、资产评估公司、第三方担保机构共同承担，实现对知识产权风险的有效控制。积极助推热带高效农业知识产权质押、知识产权证券化、知识产权信托业务开展，探索知识产权回购交易，一站式直达企业融资终点。

2. 软件的主要功能

门户网站可以展示系统中的投融资相关信息，如投资机构、融资项目、投资意向。

（1）投资机构管理。投资机构管理实现对投资机构数据的集中管理，包括投资机构列表展示、新增 / 编辑 / 查询 / 删除投资机构。投资机构需先实名认证企业账号再申请成为投资机构。列表中展示所有投资机构账号基本信息，包括投资机构名称、所属地区、地址、应用领域、简介、详情、logo 等，管理员可以对投资机构信息进行审核操作，审核通过后的投资机构信息会展示到科技资源列表下，管理员可以导出所有投资机构账号信息。

（2）融资管理。融资管理实现对融资信息的集中管理，包括融资列表展示、新增 / 编辑 / 查询 / 删除融资。

（3）投融资合作管理。投融资合作管理实现对投融资合作信息的集中管理，包括投融资合作列表展示、新增 / 编辑 / 查询 / 删除投融资合作，管理员可以为投融资方提供相关服务并对投融资合作的流程进度进行标记。

（四）热带高效农业知识产权对接活动平台

1. 平台开发的目的

通过线上发布知识产权活动的方式，定期组织开展热带高效农业科技学术交流、咨询服务、产学研合作、技术成果转化、人才引进培养、科技招商引智等知识产权交易、交流、展销对接活动，对科技成果进行二次开发或指导进行孵化、推介、推广，进一步促进科技与市场合作交流，释放科技成果转移转化溢出效应，推动热带高效农业知识产权服务业集聚区建设，不断提升海口市科技创新能力，当好领跑海南省现代农业发展的"龙头"。

2. 软件的主要功能

门户网站可以展示系统中的活动相关信息，如活动信息、报名活动。

（1）活动管理。活动管理实现对活动的集中管理，其中包括活动列表、新增／编辑／查询／删除活动，用户可以参与活动报名，管理员可以管理用户报名的活动，支持导出操作。

（2）报名活动管理。报名活动管理实现对报名活动数据的集中管理，其中包括报名活动列表展示、新增／编辑／查询／删除报名活动，管理员可以导出报名信息。

第五章
热带高效农业知识产权成果

一、新品种

（一）天然橡胶

1.'热研 879'橡胶树

该品种是以'热研 8813'为母本、'热研 217'为父本杂交选育而来的优良新品种。具有高产、早熟、稳产的特点，是目前国内最高产的品种之一。苗期特征为茎干直立，叶痕马蹄形；芽眼近叶痕，鳞片痕与托叶痕连成"一"字形；叶蓬明显，圆锥形；大叶柄平伸，两侧小叶柄有浅沟，叶枕顺大约 2/3；叶片厚，椭圆形，小叶横切面呈浅"V"形，

'热研 879'橡胶树

'热研 879'胶林

叶缘无波浪，三小叶靠近，叶色浓绿，叶面有光泽。第1~11割年平均年产干胶5.77 kg/株，亩产约167 kg，极显著高于对照'RRIM600'。该品种开割后生长较慢，抗风性能与对照相当，适合在海南省中西部中风区、云南省临沧地区、西双版纳地区I类植胶区推广种植，其他类型区可进行生产性试种。

2. '热研73397'橡胶树

该品种是以'RRIM600'为母本、'PR107'为父本杂交选育而来的优良新品种。苗期特征为叶痕心脏形，托叶痕平，芽眼近叶腋。叶蓬半球形或圆锥形，叶蓬较长。大叶柄较软，叶枕顺大，上方具浅沟。小叶柄长度中等，膨大约1/2，紧缩区明显。叶片倒卵形或倒卵状椭圆形，叶缘具小至中波浪，三小叶显著分离；两侧小叶主脉内侧叶面比外侧叶面窄。茎干稍弯曲，叶柄沟较浅，枝条下垂。该品种生长较快，林相整齐，开割率高，属于早熟、高产品种，5年生树第一次开割亩产约110.88 kg，6年生树亩产约191.73 kg，7年生树合亩产约329.01 kg，均显著高于对照'RRIM600'。适宜在海南省中西部中风区大规模推广种植，东北部重风区作中等规模推广种植。

'热研73397'产胶　　　　　　　　　　　'热研73397'成年胶林

3. '热研917（热研72059）'橡胶树

该品种是以'RRIM600'为母本、'PR107'为父本杂交选育而来的优良新品种。苗期特征为叶痕马蹄形，托叶痕平伸，芽眼近叶痕。叶蓬圆锥形至半球形，叶蓬长，蓬距较短，疏朗。大叶柄较长，平伸，叶枕较长，顺大，上方平，嫩枕紫红色。小叶柄中等长度，两侧小叶柄上仰，小叶柄膨大1/2。叶片倒卵状椭圆形，叶缘具小至中波，叶面不平，三小叶显著分离。该品种年平均年产干胶3.95 kg/株，亩产97.8 kg，分别比对照'RRIM600'和'PR107'增产78.7%和68.6%，生长较快，具有较强的抗风和恢复生长能力，适宜在海南省中西部中风区种植。

'热研 917（热研 72059）'胶林

4.'热垦 628'橡胶树

该品种是以'IAN873'为母本、'PB235'为父本杂交选育而来的优良新品种。苗期特征为茎干直立，叶痕呈马蹄形，腋芽贴近叶痕；鳞片痕与托叶痕呈"一"字形。叶蓬弧形，蓬距较长。大叶枕顺大，具浅沟；大叶柄平直、粗壮且平伸。小叶枕膨大约 1/3；小叶柄中等长度，有浅沟，上仰。叶片椭圆形，叶基楔形，叶端锐尖，叶缘无波，主脉平滑；叶片肥厚，有光泽，三小叶分离。该品种生长快，立木材积蓄积量大，高比区开割前树围年均增粗 8.67 cm，10 龄株材积 0.31 m³，年平均株产 2.06 kg，抗寒及抗风能力突出，适宜在海南中西部、广东雷州半岛、云南Ⅰ类植胶区种植。

'热垦 628'橡胶树

5.'湛试 32713'橡胶树

橡胶树'湛试 32713'是以'93-114'为母本、'PR107'为父本杂交选育而来的优良新品种。该品种具有树干圆滑直立，树冠稍大，分枝匀称，叶痕心脏形，鳞片痕和托叶痕呈"一"字形，托叶痕平，芽眼平，芽眼与叶痕距离较近；叶形倒卵形，叶基渐尖，两侧小叶基外缘外斜，叶端钝尖，叶缘中等波浪，叶片横切面舟形，叶面平滑；叶片质地较硬；叶片颜色较深绿有明显光泽；三小叶显著分离等特征。幼树期平均年增粗 5.81 cm，割胶后平均年增粗 2.96 cm。正常割胶第一年平均干胶含量为 27.42%、亩产 17.31 kg，比'93-114'高 4.97%；第二年平均干胶含量为 29.93%，亩产 22.96 kg，比'93-114'高 13.23%。该品种生长较快，抗寒性强，抗风性中等，适宜在中寒、重寒阳坡和轻风或中风区种植。

品种登记证书

（二）剑麻

'热麻 1 号'剑麻

该品种是'以粤西 114 号'为母本、'H.11648'为父本，通过有性杂交选育出的回交一代剑麻新品种。其特性特征是株型高大，叶基较厚，叶色灰绿，叶缘无刺；一般生长叶片为 360~400 片，年生长叶片为 45~55 片；叶片长为 130~140 cm，宽为 14~15 cm，单叶重为 0.8~0.9 kg；生命周期为 6~8 年；纤维洁白，细而均匀，纤维率为 4.0%；抗斑马纹病，速生粗长，耐瘦瘠，适应性广，适于在剑麻斑马纹病区补植和种植；且生长量大，叶片产量高，叶汁富含皂素，具有综合开发利用前景。

'热麻 1 号'剑麻

（三）木薯

1. 面包木薯

面包木薯是从马来西亚引入的优质食用甜品种。该品种茎外皮灰褐色，内皮深绿色，叶片披针形，叶色浓绿，叶柄紫红色。薯外皮深褐色，薯内皮紫红色。结薯分散，入土较深，呈长圆柱形，薯块基部纤维多，有木质化的薯柄，食味好，松软可口。一般可产 15~23 t/hm^2 鲜薯，鲜薯干物质含量 40%~50%，淀粉含量 30%~35%，HCN（氢氰酸）含量 50 mg/kg 以下。植后7~8 个月收获，属早中熟品种。在地力中等以上的肥地栽培，其产量和品质较佳。

面包木薯

2. '华南5号'木薯

'华南5号'从'ZM8625'与'华南8013'的杂交后代选育而成，是目前我国推广面积最多的新品种之一。该品种矮秆密节，顶端分叉较早，分枝部位较低，分枝较长，角度较大，株型呈伞状；单叶互生，掌状深裂，裂片 5~7 片，裂片线形至披针形，叶柄绿带红色；成熟老茎外皮灰白色，内皮浅红色。结薯集中，掌状平伸，大薯率高，薯块粗大均匀，浅生易收获，薯外皮浅黄色，薯内皮粉红色。一般可产 45 t/hm^2 鲜薯，鲜薯干物质含量 37%~42%，淀粉含量 28%~32%，HCN 含量 50~70 mg/kg。种茎耐贮存，发芽力强，出苗快，生长整齐；块根及茎叶产量高，块根可制淀粉或饲用，茎、叶可青贮饲用。植后7~8 个月可收获，属早中熟品种。适应性强，耐瘠耐肥，肥地更能充分发挥高产薯大的良种特性，耐旱，旱地出苗齐，且苗期生长快，能提早覆盖地表保湿，另外，它密节矮秆，主茎秆粗壮硬直，较抗风，适于沿海干旱和多台风地区栽培。

'华南5号'木薯

3.'华南6号'木薯

'华南6号'从泰国引进的自然杂交种选育而成。该品种顶端分枝部位高，分枝短而角度小，株型紧凑，叶节密，叶片掌状深裂，裂片5~7片，披针形，暗绿色，叶柄红色，成熟老茎外皮灰褐色，内皮深绿色。结薯集中，掌状平伸，薯块大小均匀，圆锥形，薯外皮白色或浅黄色，光滑，薯内皮白色。一般可产 30~45 t/hm² 鲜薯，块根干物质含量 38%~41%，淀粉含量 30%~34%，HCN 含量 50~60 mg/kg。耐肥、抗旱和抗风性能好。植后 7~8 个月可收获，属早中熟品种，植株直立较矮，株型紧凑，宜于密植。可利用其分枝部位高和分枝短等特点，在果树等幼树行间或与豆科作物等间套种。

'华南6号'木薯

4.'华南7号'木薯

'华南7号'从'华南205'的自然杂交种选育而成。该品种顶端分枝部位高，分叉角度较大，伞状株型，常具3~4个分叉，顶端嫩茎紫红色，成熟老茎外皮红褐色，内皮浅绿色。叶片宽大，裂片倒卵形，暗绿色，叶柄红色。结薯集中，大薯率高，薯块粗壮，大小均匀，薯外皮褐色，光滑，薯内皮紫红色。一般可产 38~45 t/hm² 鲜薯，鲜薯干物质含量 33%~37%，淀粉含量 25%~28%，HCN 含量 50~75 mg/kg。生长快速，长势旺盛，茎秆粗壮，植株高大，伞状株型，宜疏植。耐肥高产，宜选水肥条件较好的土壤种植，以充分发挥其高产特性。一般植后 10 个月收获，属晚熟品种。注意贮藏种茎、避开低温干旱条件，不宜在多台风地区种植。

'华南7号'木薯

5.'华南8号'木薯

'华南8号'从泰国引进的自然杂交种选育而成。该品种顶端分枝部位高，分枝短，株型紧凑，叶节密，叶片裂片披针形，暗绿色，叶柄绿色，成熟茎外皮灰绿色，内皮深绿色。结薯集中，浅生平伸宜收获，薯块大小均匀，圆锥形，薯外皮黄白色，光滑，薯内皮白色。一般可产 38~45 t/hm² 鲜薯，鲜薯干物质含量 38%~40%，淀粉含量 31%~32%，HCN 含量 50~70 mg/kg。适应性强，株型直立紧凑，抗风能力强，可抗 8 级强风，抗旱性较好，耐肥也耐贫瘠土壤。植后 7~8 个月收获，为早熟品种。

'华南8号'木薯

6. '华南9号'木薯（蛋黄木薯）

'华南9号'木薯（蛋黄木薯）

'华南9号'是优质食用甜品种，其肉色似蛋黄，故名为蛋黄木薯。该品种主茎分枝部位适中，分枝短而紧凑，矮秆密节，株型好，成熟茎外皮黄褐色，内皮浅绿色。结薯多而集中，浅生，但薯体较小，薯外皮褐色，薯内皮浅黄色，薯肉黄色，细嫩松粉，似蛋黄，故又称为蛋黄木薯，清香可口，是理想的色香味俱佳的食用品种。一般可产 15~23 t/hm² 鲜薯，鲜薯干物质含量 40% 左右，淀粉含量 30% 以上，HCN 含量 30~50 mg/kg。植后 6~7 个月可收获，属早熟品种。在地力中等以上的肥地栽培，其产量和品质较佳。

7. '华南12号'木薯

'华南12号'木薯

'华南12号'是以'OMR36-34-1'为母本、'ZM99247'为父本进行而来的新品种，该品种具有良好的丰产性和广泛的适应性，是食用型和工业应用型兼备的木薯新品种。鲜薯产量约 39.37 t/hm²，比现在大面积种植的品种华南205增产 28.65%；其干物率和淀粉含量分别为 42.19% 和 31.11%，分别比华南205高 2.51 个和 1.86 个百分点；HCN 含量低，为 42.20 mg/kg。适宜在海南、广西、广东、福建和其他相似生态区域的木薯种植区域推广。

8. '华南13号'木薯

'华南13号'木薯

'华南13号'是从海南儋州'SC8013'母本园收获的自然杂交种子，从实生单株中评选出的优良单株。该品种具有高产、高淀粉含量较高、中抗细菌性枯萎病、高抗朱砂叶螨、适应性广等优良特性。鲜薯平均产量 43.36 t/hm²，鲜薯干物率和淀粉含量分别为 41.92% 和 29.25%，HCN 含量 58.26 mg/kg。适宜在海南、广西、广东、福建、江西和其他相似生态区域的木薯种植区域推广。

9.'华南 124'木薯

'华南 124'从'华南 205'的自然杂交种选育而成。该品种株高较高，主茎顶端分枝部位高，分叉角度小，节间密且芽眼明显。茎外皮灰绿色，内皮深绿色。顶端未展开叶片浅绿色，成熟叶片厚而浓绿，裂片为戟形，裂片狭长，叶柄淡紫褐色。结薯集中，浅生平伸，块根粗大，大小均匀，薯头无柄，长圆锥形，光滑，薯外皮浅黄色，薯内皮白色。一般可产 45 t/hm² 鲜薯，干物质含量 35%~40%，淀粉含量 28%~30%，HCN 含量 40~50 mg/kg，属低毒甜品种。一般植后 10 个月收获，为中迟熟品种。种茎耐贮藏。发芽力强，出苗快，生长快，长势旺，结薯早，薯块膨大快，丰产性能好。适应性强，耐肥、耐瘠和耐旱，抗寒力强，适宜亚热带地区栽培，建议适当延迟收获期，从而增产和提高块根淀粉率。但抗风能力较差，多台风地区慎重种植，可选择避风地段种植，或采取培土措施，以增强抗倒能力。主茎明显，顶端分枝部位高，株型紧凑，利于密植和间作。

'华南 124'木薯

10.'华南 6068'木薯

'华南 6068'从面包木薯的自然杂交种选育而成，是优质食用甜品种。该品种主茎顶分枝部位高，分枝角度小，成熟茎外皮红褐色，内皮浅黄色，叶片宽大，叶柄红色。结薯集中，浅生易收获，薯块外皮褐色，薯内皮紫红色，薯肉雪白松粉，食味好。一般可产 15~23 t/hm² 鲜薯，鲜薯干物质含量 40%~45%，淀粉含量 30%~35%，HCN 含量 40~50 mg/kg。主茎顶分枝部位高，分枝角度小，株型密集，适于密植和间作。在地力中等以上的肥地栽培，其产量和品质较佳，但抗风能力较差，不宜在多台风地区种植。植后 6~7 个月可收获，属早熟品种。

'华南 6068'木薯

11.'华南 8002'木薯

'华南 8002'从'D-42'自然杂交种选育而成。该品种顶端分枝晚，分枝部位高，分枝短，分枝次数少，分枝角度小，株型紧凑。茎秆粗细适中，叶节密，叶片披针形，叶色浓绿，叶柄长，红色。结薯集中，薯块粗大，大小均匀，掌状分布，浅生易收获，薯头无柄，薯外皮褐色，薯内皮浅红色。一般可产 30~38 t/hm² 鲜薯，鲜薯干物质含量 37%~39%，鲜薯淀粉

'华南 8002'木薯

71

含量 28%~30%，HCN 含量 40~60 mg/kg。适应性广，耐肥、耐瘠、耐旱、耐寒。发芽率高，出苗快，群体生长整齐，长势旺盛。植后 8 个月收获，属早中熟品种。株型紧凑，适于密植。可利用其分枝晚或不分枝特点，在果树等幼树行间或与豆科作物等间套种。

12.'华南 8013'木薯

'华南 8013'木薯

'华南 8013'从'面包木薯'与'东莞红尾'的杂交后代选育而成。该品种顶端分枝部位适中，呈三叉或四叉分枝，分枝短而集中，株型紧凑，茎秆较坚硬，抗风能力强，成熟茎外皮灰褐色，内皮浅红色，叶节密，叶片宽大披针形，叶柄基部紫红色。四周结薯，浅生呈放射状分布，大小均匀，呈圆锥形，薯外皮褐色，薯内皮浅红色。一般可产 30~38 t/hm² 鲜薯，鲜薯干物质含量 40% 左右，鲜薯淀粉含量 30%~32%，HCN 含量 30~40 mg/kg。种茎耐贮藏越冬。适应性广，耐瘠耐旱，抗风能力强，适宜沿海多台风的地区种植。发芽力强，出苗快，群体生长整齐，长势旺盛，植后 7~8 个月可收获，属早中熟品种。

（四）甘蔗

1.'中糖 1 号'甘蔗

该品种是以'粤糖 99-66'为母本、'内江 03-218'为父本进行杂交选育获得的甘蔗新品种，属中熟品种，产量高，中至大茎，出苗整齐均匀，分蘖率高，叶片浓绿，脱叶性好，宿根性极好，感黑穗病，中抗花叶病，耐寒性强，耐旱性强，不抗倒伏，植株高度达

'中糖 1 号'甘蔗

390~480 cm，茎径达 2.82~3.18 cm，单茎重达 1.88 kg。一新两宿三年平均亩产蔗量比对照'新台糖22号'增产22.13%，其中宿根一季和二季蔗茎产量分别是8.626 t/亩和8.576 t/亩，分别比对照增产33.23%和30.45%。抗逆性好、耐旱。

2.'中糖2号'甘蔗

该品种是以'热引1号'为母本、'新台糖22号'（ROC22）为父本进行杂交选育获得的高抗黑穗病的甘蔗新品种，属中晚熟品种，产量高、蔗糖分高，高抗黑穗病，宿根性较好，螟虫为害率低。出苗整齐，宿根性好，容易脱叶，植株直立、整齐，中茎、实心、节间长，综合农艺性状优良，适宜机械收获，具有较强推广性。海南临高试区平均节间达20 cm，平均株高为350~400 cm，平均茎径为2.74~2.96 cm，一新两宿三年平均亩产蔗量为8.1 t，比对照'新台糖22号'（7.7 t）增产5.2%，在11月至翌年2月的平均蔗糖分12.54%，比对照（12.22%）增加0.32个百分点。

'中糖2号'甘蔗

3.'中糖3号'甘蔗

该品种是以'粤糖99–66'为母本、'ROC28'为父本进行杂交选育获得的甘蔗新品种，属中晚熟高产高糖品种，株型紧凑，植株高大，节间较长，脱叶性好；中至大茎，蔗茎直立均匀，内容充实，不易倒伏；新植出苗整齐，适宜机械化管理，宿根萌芽率高，有效茎数多，宿根性较好，高产高糖；中后期蔗糖分较高；中抗黑穗病，高抗花叶病。在海南临高试区，两新两宿，'中糖3号'平均亩产蔗量为8.90 t，比对照'新台糖22号'（7.30 t/亩）增产

'中糖3号'甘蔗

21.92%；中糖 3 号 11 月至翌年 2 月的平均蔗糖分为 13.53%，比对照（13.23%）增加 0.3 个百分点。

'中糖 4 号'甘蔗

'热研 1 号'甘蔗

4. '中糖 4 号'甘蔗

该品种以'K86–110'为母本、'HoCP95–988'为父本进行杂交选育获得的甘蔗新品种，属中熟品种，高产高糖，抗黑穗病。植株直立、整齐、均匀，中大茎，宿根性好，容易脱叶，适宜机械收获；茎间圆筒形，曝光前黄绿色，曝光后呈灰紫色或绿色，蜡粉多，芽圆形，突起不明显，芽沟深度浅。海南临高试区平均株高为 366~402 cm，平均茎径为 2.78~2.96 cm，平均亩产蔗量为 7.85 t，比对照'新台糖 22 号'（6.42 t）增产 22.27%；平均蔗糖分 13.15%，比对照（12.95%）增加 0.2 个百分点。

5. '热甘 1 号'甘蔗

该品种是以'CP94–1100'为母本、'新台糖 22 号'为父本进行杂交选育获得的甘蔗新品种，具有分蘖力强，宿根性好，中大茎，脱叶性好，含糖量高，高产稳产等特点；属于早中熟高糖品种，成熟期含糖量为 14.1%~14.5%，新植及宿根平均理论产量达 7.12 t/亩，比对照'ROC22'的 6.43 t 增产 10.73%。适宜在广东湛江干旱、半干旱地区冬、春季种植。

（五）热带牧草

1. '热研 1 号'银合欢

该品种是多年生的植株，头状花序，单生于叶腋内，具长柄，每花序有 100 余朵，密集生长在花托上成球状，直径约 2.7 cm，花白色，绒毛状，树皮灰白色，稍粗糙；每年开花 2 次，年亩产种子 50~100 kg；喜阳，亦稍耐阴，耐旱，不耐渍。亩年产干嫩茎叶 0.5~0.8 t，含粗蛋白质约 24%，富含胡萝卜素和维生素。适口性好，适于作牛羊饲料。叶粉是猪、兔、家禽的优良补充饲料。此外还用作绿肥、燃料、木料和水土保持等。适宜在海南、广东、广西、云南、福建、浙江、台湾等热带和南亚热带地区种植。最适宜生长在回归线（北纬23.5°）以南，年降水量900~2 600 mm，年平均气温20~23℃，最冷月平均温度7~17℃，土壤pH值6~7的低海拔地区。曾获海南省科技进步奖三等奖和全国农牧渔业丰收奖三等奖。

'热研1号'银合欢

2.'热研2号'柱花草

该品种是多年生直立或半直立草本植物，分枝多，斜向上生长，自然株高达0.8~1.5 m，茎粗0.2~0.3 cm。三出复叶，小叶长坡针形，中间小叶较大，长3.0~3.83 cm，宽0.5~0.73 cm，绿色至深绿色。叶柄长0.3~0.63 cm。托叶合生为鞘状，向阳处呈微红色。复穗状花序，顶生或腋生，花序梗着生紫红色刚毛，花小，旗瓣橙黄色，翼瓣深黄色。荚果小，褐色，每荚含一粒种子，肾形，呈土黄色或黑色。喜热带潮湿气候，适生于北纬23°以南的地区，年平均气温19~25℃、年降水量1 000 mm以上，最适生长温度25~28℃。宜在无霜地区种植。适应性强，从砂质土至重黏土均可生长良好，耐干旱，耐酸性瘦土，但不耐阴和渍水。抗炭疽病能力比'库克'柱花草和'格拉姆'柱花草强。主要用种子繁殖，产量特别高，每亩年产干物质1 000 kg左右，干物质粗蛋白质含量16.4%~18.6%。适作青饲料，晒制干草，制干草粉或放牧各种草食家畜、家禽。还可作为覆盖绿肥压青、水土保持或护坡利用。曾获海南省科技进步奖一等奖，中华农业科技奖一等奖。适合在热带、亚热带地区种植，可在荒山荒地、椰园和果园种植。目前已成为我国热带、南亚热带地区的当家豆科牧草品种，在海南、广东、广西、福建等省及云南和四川的热区大面积推广，累计推广300多万亩。

'热研2号'柱花草

3. '热研 3 号' 俯仰臂形草

该品种是多年生牧草,秆坚硬,高 50~150 cm,叶片宽条至窄披针形,长 5~20 cm,宽 7~15 mm。花序由 2~4 个总状花序组成,花序轴长 1~8 cm,总状花序长 1~5 cm,小穗单生,常排列成 2 列,花序轴扁平,宽 1~1.7 mm,边缘具纤毛。小穗椭圆形,长 4~5 mm,常具短柔毛,基部具细长的柄。在排水良好的沃土上产量最高。耐酸性瘦土。能自行繁殖扩展,侵占性强,能抑制杂草特别是飞机草的蔓延。耐放牧、火烧,亦稍耐阴。开花期长,每年 6 月开始抽穗扬花,花期可延续至 11 月,其间种子陆续成熟,成熟种子极易脱落,因此收种非常困难。可用种子繁殖,也可用营养(种茎)繁殖,适于与蝴蝶豆、柱花草和爪哇葛藤等豆科牧草混种建立人工草地及改良天然草地,也可单种刈割用于饲养草食家畜等,每公顷年产干物质 8~15 t,干物质含粗蛋白质 6.1%~8.7%。在水土冲刷严重的地区,可作为水土保持植物和护坡护堤植物。

'热研 3 号' 俯仰臂形草

4. '热研 4 号' 王草

该品种特点是耐干旱、耐刈割,再生能力强,冬天仍保持青绿,耐寒性优于华南象草,生长期长,叶产量高,分蘖多,生长整齐,叶片浅绿色,比较柔软,鲜草产量高达 25~35 t/hm^2,是我国热区产量最高的热带牧草。其特征是多年生,茎较粗 2~3 cm,多年生草本植物,形似象草,但植株较大,株高 1.5~4 m。须根发达,主要分布于 0~20 cm 土层内。茎秆圆形,直立,粗壮。丛生,每株有分蘖 20 个,多的达 150 个。叶条形,长 60~130 cm,宽 3.5~6.0 cm。叶面较多茸毛,叶背有少量茸毛,中肋明显。圆锥花序,密集呈柱状,长 20~30 cm,花药不能形成花粉或柱头发育不良,因此不能结种子。该品种一般采用无性繁殖,产量特别高,亩产鲜草一般在 10 000 kg,高产的可达 30 000 kg 以上，干物质含粗蛋白质 8% 左右。茎秆含糖分，脆甜多汁，是牛、羊、猪、鸡、鹅、鸵鸟及兔的理想青饲料，也可用来养鱼，还可青贮或调制干草。目前在我国南方地区乃至部分北方地区大量栽培种植。

'热研 4 号' 王草

5. '热研 5 号' 柱花草

该品种是 1987 年从哥伦比亚国际热带农业中心（CIAT）引进的 'CIAT184' 柱花草群体中，经过对早花、耐寒、抗病性状的单株选育而成的新品种。耐干旱、耐酸性瘦土、耐寒，其最大特点是早花，在海南儋州地区 9 月底始花，10 月底盛花，11 月底种子成熟，一般比 '热研 2 号' 柱花草提前 25~40 天开花，种子产量高 20%~40% 以上。牧

'热研 5 号' 柱花草

草产量，一般亩产干草 750~1 000 kg。营养价值丰富，干物质含粗蛋白质 16.4%，富含维生素和多种氨基酸，牧草适口性好。开花期干物质中含粗蛋白质 16.71%，鲜草产量可达 37 000~55 000kg/ hm²，适合在华南热区推广种植。既可作为建植人工草地和改良天然草地的主要牧草品种，又可在旱粮坡地、林果园种植及保持水土。适作青饲料，晒制干草，制干草粉或放牧各种草食家畜、家禽等，是冬季畜禽的青饲料。

6.'热研 6 号'珊状臂形草

该品种侵占性强，能与飞机草、含羞草等恶性杂草竞争，对土壤要求不严，耐酸性瘦土，可在 pH 值为 4.5~5.0 的土壤上良好生长，耐牧、耐火烧、耐干旱、耐践踏，亦稍耐阴。开花期长，5 月开始抽穗开花，9—10 月为盛花期，10—11 月种子成熟，结实率低，种子产量不高。一般用长根的匍匐茎或分株繁殖。植距一般为 80 cm×（80~100）cm×100 cm。营养生长期干物质中含粗蛋白质，其干物质粗蛋白质含 6.1%~8.7%，除可种植用于放牧外，还可刈割用于饲养家畜，更是护坡护提的优良草种，宜与其他热带豆科牧草如柱花草、爪哇葛藤等混种，一般每公顷年产干物质 15~23 t。适合海南、广东、广西、福建等省（区）及云南和四川的热区推广种植。曾获海南省科技进步奖三等奖。

'热研 6 号'珊状臂形草

7.'热引 8 号'坚尼草

该品种喜热带潮湿气候，耐旱、耐酸、稍耐阴，但不耐寒。是多年生直立草本，分蘖多，生势旺盛，叶量丰富。作为青割饲料，宜采用分株种植，行距 80~100 cm。在生长季节，株高 80 cm 即可刈割，每隔 30~45 天刈割一次。留茬 20~25 cm，一般每亩年产干物质 1~1.5 t。建立人工草地，宜用种子播种，每亩播种 0.5~0.8 kg。宜与蝴蝶豆、大翼豆和柱花草等豆科牧草混播。干物质含粗蛋白质 7%~10%，适口性好，可供放牧、刈割用于喂牛、羊、兔、鸵鸟等草食动物及鹅、猪、鸡、鱼等，也可晒制干草，调制配合饲料和作为水土保持。适合在热带、南亚热带地区种植。现海南、广东、广西、福建等省（区）均有栽培，但许多地区已逸为野生。

'热引 8 号'坚尼草

8.'热研 11 号'黑籽雀稗

该品种喜热带潮湿气候，适应性强，耐酸瘦土壤，耐涝和一定程度耐旱，分蘖能力强，其分蘖多从基部节间产生分蘖，种植半年后基生分蘖数可达到 60~120 个蘖，且其茎节也产生分蘖，表现出叶量大的特点；耐刈割，一般当年建植刈割草地可刈割 3~5 次，

'热研 11 号'黑籽雀稗

再生能力强，刈割后一周生长 7~10cm。适口性好，牛、羊喜食，牧草产量高，一般亩产鲜草 6~8 t，在高肥高水条件下产量更高，且对氮肥反应敏感。粗纤维含量较低，但粗蛋白质含量也相对较低，在间隔 30 天刈割，其粗蛋白质仅为 8.12%（DM%），常通过施 N 肥以提高其粗蛋白含量；耐阴性较差，在林下种植表现较差。黑籽雀稗草地极易用种子建植人工草地，由于其分蘖和次生生殖枝发育的种子掉落后遇到适当条件即可萌发，故在中度放牧条件下保存良好，草地持久性强。适合我国年降水量 500 mm 以上的热带地区种植，在海南、广东、广西、云南等省（区）表现最优，因其种子产量高、易于建成草地的特点易于推广，并广泛应用于热带地区刈割型人工草地建设和退耕还牧还草。不适合有轻微霜冻的地区。曾获海南省科技进步奖一等奖。

9.'热研 14 号'网脉臂形草

该品种是多年生匍匐型禾本科臂形草，秆半起立，密丛型，具长匍匐茎和短根状茎，株高 40~120 cm，匍匐茎扁圆形，细长、略带红色；叶片光滑，叶舌膜质，叶鞘抱茎；颖果卵形，长 4.1 mm，宽 1.9 mm。喜湿润的热带气候，最适宜在海拔 1 800m、年降水量 1 500~3 500 mm 的湿热带地区生长，适应性强，对土壤的适应性广泛，耐酸瘦土壤，能在 pH 值为 4.5~5.0 的强酸性土壤和极端贫瘠的砂质土壤上表现出良好的持久性和丰产性，从重黏土到沙土均可良好生长，在极端恶劣的土壤基质（沙石）上表现出良好的覆盖效果，特别适合在铝含量高、肥力低但排水良好的土壤上生长，在中等肥力和酸瘦土上产量可达 4~11 t/hm²，耐干旱和相对耐阴，侵占性强，触地各节产生不定根，自然传播迅速，并能与飞机草等恶性杂草竞争；耐践踏、耐重牧，亲和力强，可与豆科牧草等混播建设草地持久、耐用。适合草地建设、保持水土和果园间作（以椰园为主）。适合在长江以南、年降水量 750 mm 以上的热带、亚热带地区种植，在海南、广东、广西、云南、福建

'热研 11 号'黑籽雀稗

等省（区）表现最优，适合用于草地的良种化改造、固土护坡和林下种植。

10.'热引 19 号'坚尼草

该品种是多年生丛生型禾草，株高 1.5~2.5 m，秆直立，茎秆光滑，呈紫红色，披有稀蜡粉；叶长 20~66 cm，宽 2.5~4.0 cm，无被毛。圆锥花序顶生，花丝极短，白色；颖果长 4.0 mm，宽 2.1~2.3 mm，种子浅黄色，长 2.5 mm，宽 1.5 mm，易脱落，当年可发芽。喜湿润温暖气候，耐干旱、耐酸瘦土壤和耐阴，适应性广，适口性好，产量高，营养价值丰富，营养生长期干物质中粗蛋白质含量约 10.5%。适宜在我国海南、广东、云南等热带、亚热带降水量大于 1 000 mm 的地区作为饲草作物种植。

'热引 19 号'坚尼草

11.'热研 21 号'圭亚那柱花草

该品种是多年生半直立亚灌木状草本，株高 0.8~1.2 m，多分枝；羽状三出复叶，具 1 粒种子，种子肾形。喜潮湿的热带气候，牧草产量高，营养价值丰富。耐干旱，可耐 4~5 个月的连续干旱，在年降水量 755 mm 以上的热带地区表现良好；适应各种土壤类型，尤耐低磷土壤和酸性瘦土，能在 pH 值 4.0~5.0 的强酸性土壤和贫瘠的砂质土壤上良好生长。

'热研 21 号'圭亚那

12. '热研 25 号'圭亚那柱花草

该品种是多年生半直立草本，株高 1.1~1.5 m，多分枝。荚果褐色，卵形，种子肾形，黄色至浅褐色。喜潮湿的热带气候，适应性强，在 pH 值 4.0~5.0 的强酸性土壤和贫瘠砂质土壤上生长良好；抗柱花草炭疽病，平均病级 1.67 级；耐低温干旱，在年降水量 600 mm 的热带地区表现良好，冬春季干草产量为 3 407.71 kg/hm²，显著高于'热研 5 号'柱花草。草产量高，且比较均衡。海南干草产量为 11 650.0 kg/hm²，冬春季产量占 29.25%。适口性好，营养价值丰富，冬春季干物质含粗蛋白质 9.63%、粗脂肪 3.10%、粗纤维 38.26%，是优良豆科牧草，强大的根网系统与致密的草层可有效保持水土。同时，根系根瘤发达，固氮能力强，生物量大，可提升土壤有机质和氮素含量，改善土壤结构。可用作高产豆科单播草地或人工混播放牧草地建植。单播草地，可为舍饲草食家畜提供豆科粗饲料，缓减冬春干旱季节豆科饲草的短缺。混播草地，可与臂形草等混播，以提高草地的营养水平。

'热研 25 号'圭亚那柱花草

13. '金江'蝴蝶豆

该品种是多年生草质藤本植物，蝴蝶豆叶量大、产量高，金江蝴蝶豆茎叶营养生长期粗蛋白质含量为 23.3%，是优良的高蛋白青饲料，可作为草食动物的青饲料，也可晒制成优质干草或加工成草粉利用。因其较耐隐蔽，抗旱性强，可间作橡胶园、果园、经济林等作为覆盖作物，也是一种优质的绿肥。适合在降水量 1 000 mm 以上的潮湿或中等潮湿的热带地区种植，在海南、广东、广西、云南等省（区）表现最优。

'金江'蝴蝶豆

（六）咖啡

1.'热研 1 号'咖啡

该品种早熟，豆粒较大；第 2 年少量结果，第 3 年正式投产，第 4~5 年为盛产期；平均年产鲜果 5 kg/ 株，折合年产干豆 1.13 kg/ 株，即 125 kg/ 亩；抗锈病能力强，品质好。

2.'热研 2 号'咖啡

该品种早熟，豆粒较小；第 2 年少量结果，第 3 年正式投产，第 4~5 年为盛产期；平均年产鲜果 4.19 kg/ 株，折合年产干豆 0.96 kg/ 株，即 106 kg/ 亩；抗锈病能力强，品质好。

'热研 1 号'咖啡

'热研 2 号'咖啡

3.'热研3号'咖啡

该品种早熟，豆粒大；第2年少量结果，第3年正式投产，第4~5年为盛产期；平均年产鲜果6.3 kg/株，折合年产干豆1.45 kg/株，即175 kg/亩；抗锈病能力强，品质好。

4.'热研4号'咖啡

该品种晚熟，豆粒较小；第2年少量结果，第3年正式投产，第4~5年为盛产期；平均年产鲜果5.81kg/株，折合年产干豆1.2kg/株，即145kg/亩；抗锈病能力强，品质好。

5.'热研5号'咖啡

该品种植株矮生，高产，成熟期集中，产量226 kg/亩，晚熟，豆粒较小；第2年少量结果，第3年正式投产，第4~5年为盛产期；平均年产鲜果5.81 kg/株，折合年产干豆1.2 kg/株，即145 kg/亩；抗锈病能力强，品质好。

| '热研3号'咖啡 | '热研4号'咖啡 | '热研5号'咖啡 |

（七）可可

1.'香可1号'可可

该品种果实椭圆形，果实重490.1~613.8 g，幼果颜色为紫红色，果实表面光滑；成熟果实平均籽粒数为42个，平均籽粒干重1.4 g；果肉较厚，气味清香，酸甜多汁。7月下旬至10月下旬持续萌生花序及开花，果实1月下旬至3月中旬采收，果实发育期150~160天。适宜在海南万宁、文昌、琼海、陵水、琼中、保亭等地种植。

2.'热引4号'可可

该品种属高产新品种，具有较强的抗寒性，良好的丰产性状，较佳的品质。定植后第3年开花结果，初产期可可豆平均产量为596.3 kg/hm²，盛产期可可豆平均产量为1 578.2 kg/hm²，可可豆平均产量为1 087.3 kg/hm²，表现出广泛的适应性和较高的产量潜力。

'香可 1 号' 可可

'热引 4 号' 可可

（八）香草兰

'热引 3 号' 香草兰

该品种遗传性状稳定，产量高，鲜豆荚经发酵加工后可产生 250 多种香气成分，主要呈香物质香兰素含量可达 3% 以上，品质优于国外栽培香草兰品种。适宜在海南东南部的万宁、琼海、定安、屯昌和陵水；云南省的景洪、勐腊、河口等地区种植。香草兰广泛用作高级香烟、名酒、奶油、冰激凌、咖啡、可可、巧克力、香水、护肤品等高档食品和化妆品的调香原料，用途广泛，附加值高，在国内外市场上供不应求。

（九）椰子

1. '文椰 2 号' 椰子

该品种是从马来西亚引入种果，采用混系连续选择与定向跟踪筛选方法从 '马来亚黄矮椰子'

'热引 3 号' 香草兰

中选育出的新品种。该品种植株矮小，株高 12~15m，成年树干围茎 70~90cm，果实小、单果椰干产量低，近圆形，果皮黄色；椰肉细腻松软，甘香可口，椰子水鲜美清甜；投产结果期早，结果多，种植后 3~4 年开花结果，8 年后达到高产期，平均株产 115 个，高产的可达 200 多个；其抗风性中等，优于 '马哇'，差于 '海南高种'；抗寒性差于 '海南高种'，叶片寒害指标为 13℃，13℃以上可以安全过冬，椰果寒害指标为 15℃，15℃以下出现裂果、落果。适宜在海南种植，最适区为南部、东部。

'文椰 2 号'椰子

2.'文椰 3 号'椰子

该品种是从引进的"马来亚红矮"中采用混系连续选择与定向跟踪筛选的方法连续 4
代选育而出的优良品种。该品种植株矮小，成年株高 12~15 m，茎干较细，成年树干围茎
70~90 cm，果实小、近圆形，嫩果皮橙红色，果皮和种壳薄；椰肉细腻松软，甘香可口，
椰子水鲜美清甜；结果期早，一般种植后 3~4 年开花结果，8 年后达到高产期；产量高，
平均株产 105 个，高产的可达 200 多个；其抗风性中等，类似于'文椰 2 号'，优于'马

'文椰 3 号'椰子

哇',差于'海南高种',成龄树强于幼龄树;抗寒性差于海南高种椰子,叶片寒害指标为13℃,13℃以上可以安全过冬,椰果寒害指标为15℃,15℃以下出现裂果、落果。适宜海南省种植,最适区为南部、东部地区。

3.'文椰4号'椰子

该品种是从东南亚引进的香水椰子中选种改良的椰子品种。该品种属于嫩果型香水椰子,植株矮,成年树高6~15 m,成年树干径围68~87 cm,果实小,圆形,嫩果果皮绿色,椰肉细腻松软,椰水和椰肉均具有特殊的香味;种果平均发芽率68%以上,结果早,一般种苗定植后3~4年开花结果,8年后达到稳产期,平均株产70个以上,高产的可达120多个;其抗风性中等(可抗10级以下风力),不抗寒。最佳种植区域在海南东部、南部的万宁、陵水、三亚等地。

'文椰4号'椰子

(十)槟榔

'热研1号'槟榔

该品种是从海南本地种槟榔中选育出的新品种,于2014年经全国热带作物品种审定委员会审定通过,成为目前我国唯一的槟榔新品种,该品种具有显著的特性特征:①果形好,果实为长椭圆形,果肉厚,纤维含量低,加工后外形纹路细腻清晰,具有最符合加工市场需求的特性;②高产稳产,平均年产鲜果9.52 kg/株,相比海南农家自留种,产量提高约12%;③节间短,树体节间较短且性状稳定,有利于田间管理、果实采摘及降低风害影响。

槟榔种苗

（十一）油棕

1.'热油 4 号'油棕

该品种为马来西亚引进的'GH400'系列油棕商业杂交品种经过多年引种驯化而筛选出的优良品种，该品种历年年均鲜果穗产量 753~885 kg/ 亩，果肉产油量 167~170 kg/ 亩、核仁产油量 17~18 kg/ 亩、总产油量 184~188 kg/ 亩；棕榈油和棕仁油总不饱和脂肪酸含

'热油 4 号'油棕

量分别为 48.31 ％ 和 21.86 ％；具有高产、稳产、适应性广、抗旱性和抗风性较强等优点，适宜在海南全岛推广种植。

2.'热油 6 号'油棕

该品种是我国首个年亩产油量超过 200 kg 的油棕优良品种，具有早花早果、高产稳产、品质优、抗旱与抗风性较强、适应性广等优点，适宜在海南全岛及相似气候区域推广种植。该品种亩产油量达 208.6 kg/ 年，比我国首个油棕品种'热油 4 号'提高了 11%，这标志着我国油棕引种选育水平取得重要突破。

3.'热油 39 号'油棕

该品种是从哥斯达黎加引进的远缘杂交种（*E. guineensis* × *E. oleifera*）经过多年引种驯化而初步筛选出的高油酸无籽型油棕优良品种，该品种优株高产，年茎干生

'热油 6 号'油棕

长量 20~30 cm，年株产油量 30 kg 以上，无籽、矮生，果实中核壳缺失，加工简便，适宜小、中、大规模种植和加工，经济寿命更长，采收难度更低，抗风性更强；果实含有不饱和脂肪酸量达 65% 以上，是国际上高端红棕榈油产品的专用品种，被誉为热带油料中的橄榄油。在海南、广东试种表现突出，试种 10 年无明显寒害症状。

'热油 39 号'油棕

（十二）油茶

1. '热研1号'油茶

该品种是大果型品种，果实橘形，成熟时果皮褐色，粗糙；树冠自然圆头形，叶片卵形，叶色深绿；平均单果重94.26g，该无性系表现稳定，大果、丰产、稳产，抗逆能力强。进入盛果期以后，盛产期亩产油可达60.89 kg。适宜在海南东北部、中部地区种植。

2. '热研2号'油茶

该品种是中果型品种，果实橘形，成熟时果皮褐色，粗糙，糠皮；树冠自然圆头形，叶片卵形，叶色深绿；平均单果重67.55 g；该无性系表现稳定，大果、丰产、稳产，抗逆能力强。进入盛果期以后，亩产油可达52.66 kg。适宜在海南东北部、中部地区种植。

'热研1号'油茶　　　　　　　　　　　　'热研2号'油茶

（十三）芒果

1. '热农1号'芒果

该品种是由美国红芒'圣心'和澳大利亚'肯辛顿'杂交选育的实生优良品种。该品种树冠中等开张，树势中等偏强。果实卵圆形，成熟果皮光滑，呈黄色带红晕。果形端正，果实外观好，大小适中。果肉深黄色，种核椭圆形，单胚，平均单果重526 g，可溶性固形物含量13.2%，可滴定酸0.34%，总糖含量10.3%，维生素C 11.03 mg/100 g，可食率74.6%。生产性试验结果表明，盛产期平均单产达1 460 kg/亩。肉质细腻，纤维少，鲜食品质优，较抗炭疽病，商品果率高。对低温阴雨的适应能力较强，抗旱能力强，耐贮性较好。适宜在芒果主产区种植，尤其是在广西、云南和四川的干热河谷地区种植。

'热农 1 号' 芒果

2. '热品 4 号' 芒果

该品种果实长卵形，果面光洁呈浅红色，果点大而稀疏，果实 5—6 月成熟，平均单果重 478.21 g，果形指数 1.20~1.57，果肉橙黄色，肉质致密，果肉纤维少，可溶性固形物含量 14.63%，果核宽 3.82~4.34 cm，果核厚 1.78~2.06 cm，果核重 24.4~41.4g，种子椭圆形，单胚，种仁重 11.2~23.2 g。果实鲜食综合性状好，果皮较厚耐贮运，货架寿命长。

'热品 4 号' 芒果

3. '红芒6号'芒果

该品种于1984年从澳大利亚引进。该品种树势中等，枝条开张，叶片小叶色浓绿。果实宽椭圆形，单果重250~500 g，平均单果重302 g，果皮盖紫红色，果肉橙黄色，多汁无纤维，浓香甜蜜，品质优，可溶性固形物14%以上，含酸量0.038%，可食部分占79.7%，高产稳产，中晚熟。但该品种在幼果期和采后成熟期易感炭疽病，且皮薄果软，不耐贮运，宜在少雨的干旱地区种植，目前是金沙江干热谷晚熟芒果主导品种之一。

'红芒6号'芒果

4. '贵妃'芒果

该品种树势强，果实4—5月成熟，单果重400~800g，产期调节后败育果单果重150~400 g。果实长卵形，果形指数（长/宽）约1.74。果肩斜平，果腹红色，向阳面

'贵妃'芒果

（或果肩）常呈玫瑰色。成熟时底色黄色，盖色紫红色。果面光洁、果粉多，果肉厚，橙黄色，无纤维，肉质细滑，多汁；果肉组织疏松，质地软。果实综合性状优良。正常果可套袋，在果实成熟后期要预防细菌性黑斑病的发生，因其果皮较薄，耐贮运性较差，在果实采收过程中，应严防机械性损伤。

5. '金煌'芒果

该品种以果实优良的'怀特'（white）为母本、果实较大的'凯特'（keitt）为父本育种而成，是深根性果树，长势好，主根特别发达粗壮，侧根较少，稀疏细长；果实 4—6 月成熟，属于早熟品种，果实长卵形，果肩小，斜平；采收前果皮绿到黄绿色，成熟时果皮深黄色至橙黄色，单果重可达 1 500 g，果皮光滑，果肉组织细密，质地腻滑，无纤维感，果汁少。可溶性固形物含量 16.9%~17.5%，丰产性能较好，平均亩产 2 000 kg 左右，果实综合性状优良。

'金煌'芒果

（十四）香蕉

1. '热粉 1 号'香蕉

该品种选用海南兴隆本地粉蕉品种（Musa paradisiaca group ABB）的吸芽为繁殖材料，在组培过程中，通过体细胞突变获得变异单株。株高约 3.8 m，假茎粗壮，生长势强。全生长期 400 天左右，果实发育期 60 天左右。单果质量 120~147 g，品质优良，商品性好，耐叶斑病，抗逆性较

'热粉 1 号'香蕉

强。抗风能力较强，较耐寒，耐旱，抗叶斑病，不抗香蕉枯萎病，适应性广。在海南省、贵州省西南部等华南热带、亚热带地区种植，有一定的耐旱、耐寒能力，在4℃以上气温能正常出蕾，对环境的适应能力很强。

2.'迈香'香蕉

该品种具有皮薄，商品性好，抗逆性较强，较耐香蕉枯萎病，适应性广等特点。正在申请品种审定。

香蕉新品种'迈香'

3.'热丰1号'香蕉

该品种具有品质优良、商品性好、抗逆性较强等特点。已取得品种权，正在申请品种审定。

4.'宝岛'蕉

该品种分别是2013年和2014年被原农业部和国家香蕉产业体系推荐为抗枯萎病主推导品种。单株产量在高产蕉园果串重达35~45 kg，中产蕉园30~35 kg，低产蕉园25~30 kg，均表现出比巴西蕉高产。果实催熟后呈鲜黄色，转黄较均匀一致；果肉香甜，乳白色；货架期与贮藏性中等；对低温敏感性较强，较抗香蕉枯萎病。适宜在海南省推广种植。

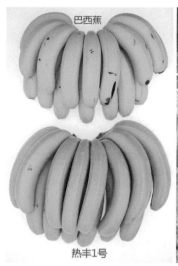

香蕉新品种'热丰1号'　　　　　　　'宝岛'蕉

（十五）澳洲坚果

1.'南亚12号'澳洲坚果

该品种是从澳大利亚引进的种子播种的实生群体中单株选育而成，树冠圆形、较开张，分枝力中等。定植后第4年可开花结果，7~10年进入盛产期，成年果园壳果产量可达300 kg/亩。果实一般是9月中旬时成熟，果实为卵圆形，壳果平均干重约为7.2 g/粒，果仁平均干重约2.5 g/粒，出仁率为35.8%，一级果仁率为100%，含油率为74.1%。该品种适宜在年均温度21℃以上，年降水量在1 000 mm以上，无严重霜冻、无台风危害的地区种植。

'南亚12号'澳洲坚果

2.'南亚3号'澳洲坚果

该品种是从澳洲坚果实生群体变异株选育的优良品种，果实为卵圆形，平均单果重约19.7 g，壳果平均干重约6.9 g，果仁平均干重约2.6 g，出仁率为36.8%~38.2%，一级果仁率为98.9%~100.0%，总糖含量为4.2%~5.7%，蛋白质含量为8.72%~9.04%，含油率为75.3%~78.7%。早结丰产，较耐高温高湿。

'南亚3号'澳洲坚果

3.'922号'澳洲坚果

该品种树势中等，较开张，枝梢较软，分枝较少；结果较早，果实卵圆形，亮绿色；壳果深褐色，椭圆形；果仁较大，乳白色。壳果平均干重约7.2 g；果仁平均干重约2.7 g，出仁率为37.9%，一级果仁率为100%，总糖含量为2.2%，蛋白质含量为9.74%，含油率为76.1%。该品种较耐高温高湿，适宜在年均温度21℃以上、年降水量1 000 mm以上，无严重霜冻、无台风危害的地区种植。2013年通过广东省农作物品种审定（粤审果2013001）。

'922号'澳洲坚果

4.'南亚116号'澳洲坚果

该品种是从澳大利亚引进种子播种的实生群体中选育而成。2014年通过广东省农作物品种审定（粤审果2014007）。该品种树势旺盛，树姿较开张，枝梢健壮，果实球形，平均单果重约18.5 g；壳果平均干重约7.5 g；果仁平均干重约2.7 g。出仁率为37.2%~40.1%，一级果仁率为97.8%~100%，含油率为73.8%~77.5%，果仁中总糖含量为2.1%~2.9%，蛋白质含量为7.78%~9.82%。适宜在广东省中南部无台风明显影响地区种植。

'南亚116号'澳洲坚果

5.'南亚1号'澳洲坚果

该品种早结丰产，品质优良。壳果平均粒重约8.4 g，果仁平均粒重约2.9 g。出仁率为37.8%，一级果仁率为100%，果实含油率为76.4%~80.5%，蛋白质含量为8.45%。

'南亚1号'澳洲坚果

6. 'OC' 澳洲坚果

该品种生长快，自然分生结果枝多，定植3年后开始开花结果，具有早结、优质、丰产稳产、品质优良等特性，适应性强，粗生易管，成枝力强，易形成树冠；枝条小而多，抗风性强。没有大小年结果现象。树冠过于密集，花期遇到连阴雨天气，易遭受花疫病为害；果实成熟后不易掉落，易受鼠害。果实平均粒重19.68 g，壳果平均粒重9.40 g，果仁平均单粒干重2.78 g；品质优，出仁率34.1%，一级果仁率100%，果仁中总糖含量2.58%，蛋白质含量9.52%，含油率73.3%。适宜在海南省中南部年均温21℃以上，年降水量在1 000 mm以上，海拔1 200 m以下，土层深度至少要有0.7 m，土壤pH值5~7.5，无严重霜冻地区、无台风或强风危害的丘陵山坡地种植。

'OC' 澳洲坚果

（十六）菠萝

'台农21号' 菠萝

1. '台农21号' 菠萝

该品种通过引种选育所得，又名黄金菠萝。株高80 cm，叶长76 cm，叶片33片，叶缘无刺仅叶片尖端有小刺，叶片表面翠绿色，株型开张，发育开张，发育旺盛。果实圆筒形，果眼苞片及萼片边缘呈皱状；平均单果重1.3 kg，果眼略深；果实发育后期果皮呈现绿色，成熟时转为鲜黄色，果肉颜色黄至金黄，肉质致密，纤维粗细中等；可溶性固形物含量18.4%，平均糖度18度，酸度0.63%，糖酸比30；凤梨特有之风味浓郁，鲜食性佳。最佳生产期为4—11月。

2.'台农22号'菠萝

该品种是通过利用'卡因'为母本与'台农8号'为父木杂交后选育出来的新品种，又名'西瓜菠萝'。株型紧凑、较直立，生长势强，平均株高约85cm，冠幅约97cm；叶剑形，全缘无刺，叶色浓绿，叶面有绿白相间条纹；果实近圆球形，果面平整美观，冠芽垂直竖立，冠芽大小与果实比例协调美观，未成熟果颜色深绿色，成熟果果皮呈金黄色；果实较大，最大果重3.42 kg，平均单果重1.98 kg；可溶性固形物含量约为16%，总糖含量约为13%，总酸含量约为0.46%，维生素C含量约为25 mg/kg鲜果肉；果肉金黄色、汁多、口感香甜、风味浓郁。可溶性固形物和总糖含量均超过海南本地主栽品种'巴厘菠萝'，果实综合品质表现佳，且品质受多雨、季节影响较小。

'台农22号'菠萝

3.'台农23号'菠萝

该品种是通过以'台农19号'为母本与'台农21号'为父本杂交后选育出来的新品种。平均株高52.4 cm，平均叶长43.0 cm，平均叶宽5.1 cm，平均叶片数32.0片，叶缘无刺，仅叶片尖端有小刺，叶片暗浓绿色，株型半直立，植株发育旺盛。果形饱满，果实较大，平均单果重1.5 kg，果皮坚实，果肉黄金，纤维长而细，可溶性固形物含量18%，有浓郁的芒果香气、水分充足、汁液四溢、口感清甜等特点，故又称为'芒果菠萝'。该品种果实货架期长，耐运输。

'台农23号'菠萝

（十七）荔枝

1.'仙桃荔'荔枝

该品种果实呈歪心形，果特大，与'紫娘喜'（荔枝王）大小相当，最大单果重84.5 g，果皮红带绿，较厚。果肉蜡白色，肉厚，不流汁，质地软滑细嫩，味极清甜，口感和肉质均优于'妃子笑'和'紫娘喜'，可溶性固形物含量17%~19%，可食率约72%，部分焦核，焦核率约25%。同一地区成熟期稍早于妃子笑，远早于亲本'紫娘喜'和'无核荔'，属早熟型荔枝品种。

2.'新球蜜'荔枝

该品种树冠圆头形，长势弱；果形扁心形，成熟时果皮呈黄绿色，艳丽诱人，且果实散发出淡淡的蜂蜜香味，果肉脆，清甜，无渣；平均单果重23.21g，可食率71.39%，可溶性固形物含量（TSS）18.25%。果实 6 月中旬成熟，为中晚熟品种。适宜在海南北部种植。

'仙桃荔'荔枝   '新球蜜'荔枝

3.'玉潭蜜荔'荔枝

该品种果实中等偏小，平均单果重 18~22 g，果实成熟时颜色鲜红至紫红色，肉质脆、无渣、汁多、风味清甜，有浓郁蜂蜜香味，可食率 76.39%，可溶性固形物含量18.0%。中晚熟品种，果实于 6 月上中旬成熟，产量与'妃子笑'相近。中抗荔枝霜疫霉病和炭疽病，抗荔枝椿象，中抗荔枝蛀蒂虫。

'玉潭蜜荔'荔枝

（十八）牛大力

'热选 1 号'牛大力

该品种是从热区分布的大量野生牛大力资源中经过驯化筛选培育出的牛大力品种。该品种有着结薯快、产量高、长势强等特点。该品种经炼苗后移栽成活率达95%以上，叶面具有稀疏的银色柔毛，光亮，叶背也具有银色柔毛；圆锥花序腋生和顶生，长 2.5~3.5 cm；花冠白色；荚果线状，长 10~25 cm，宽 1~2 cm，扁平，果瓣木质，开裂，有种子 4~15 粒；自然花期 4—7 月，果期 9—12 月；块根不规则膨大，表皮粗糙，褐黄色至土黄色，具有深色横纹。横切面白色或乳白色，髓部色较深，明显。味甜。块根在定植一年后开始膨大，单株具有膨大根 10~30 条，5 年后达 4.5 t/hm^2 以上。喜疏松透气的沙壤土和腐殖土，在轻度黏性土壤中也可生长。喜湿润怕涝，栽培地必须排水良好。适合在广东、广西、海南等无霜地区种植。

'热选 1 号'牛大力

（十九）沉香

1. '热科 1 号'沉香

该品种母株树皮发白且较为光滑，树干断口处木质部淡黄色，具淡奶香气；叶尖渐尖，花色黄绿色。结香后呈黄褐色，乙醇浸出物含量高。结香面积大，结香产量高，平均增加 30% 以上。品质较优，结香树干所产沉香的色酮类化合物相对含量是普通白木香树平均量的3.67 倍。适宜在海南东部、

'热科 1 号'沉香

中部、北部地区种植。

2.'热科2号'沉香

该品种树冠圆锥形，其树干常弯曲，表面有凹陷现象。小枝及树皮为棕红色，木质部淡黄色，闻有淡奶香气。单叶互生，叶片为椭圆形，伞形花序腋生或顶生，花期4—5月，果期6—7月。易结香，香质地软，油脂含量高，沉香特征性成分高，品质高端，具备了高品质沉香的特征。适宜在海南东北部、西北部地区种植。

'热科2号'沉香

'热科3号'白木香

3.'热科3号'白木香

该品种小枝颜色、叶形、叶尖、果实性状、香块质地、香块密度和香气方面与普通白木香具有明显区别，而其他特征与普通白木香并无差异，在花果期、适应性方面也无显著差异。'热科3号'白木香母树树干受伤后，逐渐发生褐变，沉香物质不断积累，形成黑褐色沉香。所产沉香为黑褐色，具有密度高，质地坚硬，入水即沉，油脂含量高，味道辛辣，香气清雅。所产沉香特征性成分倍半萜类种类多、相对含量高，其倍半萜类成分为33种，是普通白木香对照的近2倍；倍半萜类成分相对含量达98.76%，为普通白木香的2.87倍。适宜在海南省中部、东部、西部、北部等区域种植，可用于生产高质量的药用沉香、精油、摆件、手串、线香以及其他各种沉香产品。

（二十）辣椒

1.'热辣1号'青皮尖椒

该品种生长势及分枝能力极强，在海南播种至大量收获约105天。始收时株高55~60 cm，每亩鲜椒产量4 000~5 000 kg。商品椒叶绿色到浅绿色，平均单果重62 g，果长21~26 cm，微辣，红熟果维生素C含量1.6 mg/g。抗黄瓜花叶病毒病，田间表现耐热、较耐涝，抗青枯病、枯萎病，耐疫病、炭疽病。

'热辣1号'青皮尖椒

2.'热辣2号'黄灯笼椒

该品种中早熟，株型紧凑，株高70~100 cm，开展度70~90 cm。果实方灯笼形，未成熟果绿色，老熟果黄色，单果重13~16 g，果长5.1~6.5 cm，生长势极旺，播种至大量

'热辣2号'黄灯笼椒

采收约 142 天，分枝能力特别强，连续坐果能力非常强，最多果株可达 223 个，一般亩产 2 500~3 000 kg。味极辣，果实辣度 15 万 SHU 以上。田间表现综合抗病性强，抗病毒病、青枯病、枯萎病、根结线虫病，喜光、喜温，耐热性强，耐干旱、耐寒性一般。适宜海南、广东、广西、云南等热带、亚热带地区栽培。

3.'热辣 3 号'紫色甜椒

该品种植株整齐，生长势强，发芽率达 80% 以上，株高 60~75 cm，易坐果。耐寒性好，综合抗病能力强。青熟果紫黑色，老熟果暗红色，长方灯笼形。单果重约 230 g，口感较甜、脆口。一般亩产 3 000~4 000 kg，保护地栽培可达 5 000 kg 以上。适宜全国大部分地区种植。

'热辣 3 号'紫色甜椒

4.'热辣 4 号'线椒

该品种是通过青椒、红椒与干椒三用雄性不育配置杂交一代的优秀新品种。该品种具有中早熟，生长势极强，发芽率达 80% 以上，分枝能力强，连续坐果能力极强。株型极整齐且紧凑，开始挂果时株高 45~50 cm。果实细羊角形，果长 20~25 cm。青熟果浅绿色，老熟果鲜红色，果实空腔较小，椒身光滑顺直，果脐辣较纯，耐贮运。辣味浓郁，品质优。单株可坐果 150 个以上，最多可累计挂果达 300 余个，一般亩产 5 000~5 500 kg。耐热、耐寒性、耐湿性优，耐弱光能力一般。田间表现抗青枯病、枯萎病，耐黄瓜花叶病毒病、疫病、炭疽病和坏死性病毒病。

'热辣 4 号'线椒

5. '热甜 4 号'黄色大甜椒

该品种植株整齐，生长势强，发芽率达 80% 以上，株高 60~75 cm，较易坐果。综合抗病能力较强。青熟果色绿色，老熟果黄色，长方灯笼形。果长 20 cm，果宽 10 cm，单果重约 450 g，最大果可达 750 g。口感较甜、脆口。一般亩产老熟果 3 000 kg 左右。适宜华南地区种植。

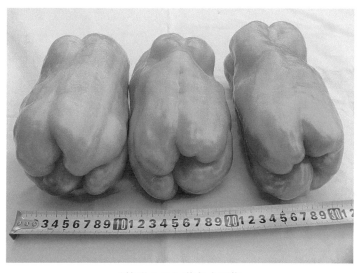

'热甜 4 号'黄色大甜椒

6. '热辣 6 号'辣椒

该品种是酱用型辣椒，生长势强，分枝能力极强，比云南'涮涮辣'早熟 35~40

天，比'热辣2号'早熟16~22天，亩产2 800 kg左右，味极辣，辣椒素类物质总含量22.56 g/kg（347 816 SHU），抗青枯病、枯萎病、疫病、炭疽病，抗根结线虫病。田间表现耐寒性优，耐热性好。适于海南省及相似生态区种植。

'热辣6号'辣椒

（二十一）西瓜

'琼丽'西瓜

1.'琼丽'西瓜

该品种是通过以优良自交系'MN-123'为母本、'FR-59-1'为父本配置而成的一代杂交种。该品种属早熟小型西瓜品种，早熟，果实发育期为28天，在海南全生育期冬播72~78天，夏播60~63天；易坐果，果实短椭圆形，果皮绿色，覆墨绿色细齿条带，皮薄且韧，果皮薄且较韧，皮厚度约0.5 cm；果肉黄色，色泽均匀，肉质细腻无纤维，有清香味，口感风味好，中心糖含量12.0%~12.5%；单瓜重2.0~2.5 kg，亩产量3 000 kg左右；抗病性强，保护地和露地均可栽培。

2.'美月'西瓜

该品种通过以优良自交系'MH-35-1'为母本、'MH-9-1'为父本配置而成的一代杂交种。该品种属早熟小型西瓜品种，生长势强，全生育期冬播75~80天，夏播63~65天，果实生育期比'美少女'稍短，产量增产12.2%；坐果整齐，果实外观漂亮，短椭圆形，果皮深绿色，覆墨绿色齿条带，皮薄、皮厚度仅0.4~0.5 cm；果肉鲜红色，色泽均匀，肉质细腻无纤维，口感风味极佳，中心含糖量12%~13%；单瓜重1.5~2.0 kg，亩产量2 000~3 000 kg，抗病性强，适应性强，可在热带、亚热带地区及保护地栽培。

'美月'西瓜

3.'热研黑宝'西瓜

该品种属中早熟，生长势中等，坐果性能好。果实圆球形，果皮黑色，果肉红色，中心可溶性固形物含量12.2%左右，肉质紧密，口感佳。果皮0.8 cm，皮硬韧，耐贮运。果实发育期30~35天。单果重3.5~4.5 kg，亩产3 000 kg左右。露地和保护地均可栽培。适宜海南、广东等地栽培。

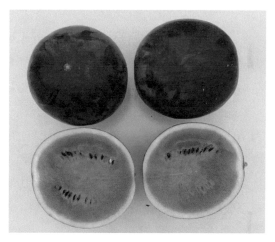

'热研黑宝'西瓜

4.'琼香'西瓜

该品种属早熟小果型西瓜，生长势中等，坐果性好。果实椭圆形，果皮绿色，覆墨绿色锐齿条带，平均单果重1.5 kg左右，果实发育期30天左右。果肉红色，中心可溶性固形物含量12.5%~14%，果皮厚度0.4~0.5 cm，果肉红色，色泽均匀，肉质细腻，口感酥脆，品质好。适应性广，在海南、广东、广西、山东、甘肃、江西等地试种表现均良好。一般每亩产量2 000 kg左右。适宜保护地设施栽培。

'琼香'西瓜

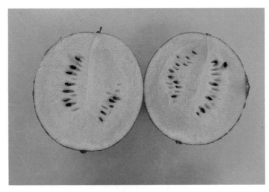

'热研墨玉'西瓜

5.'热研墨玉'西瓜

该品种属早熟中小型西瓜品种，生长势中等，坐果性极好，果实发育期30天左右。果实圆球形，果皮黑色，果肉橙黄色，肉质细脆，口感好，中心可溶性固形物含量12.0%左右，单瓜重2.0~2.5 kg，果皮较韧，较耐贮运，亩产2 500~3 000 kg。适合海南冬春季种植，露地和设施大棚均可栽培。

（二十二）苦瓜

1.'热研一号'苦瓜

该品种是通过以优良自交系'02-20-4-9'（强雌性系）为母本、优良自交系'OHB4-3'为父本的杂交后代。该品种长势旺盛，中熟，丰产性好，瓜实长圆锥形，肩部平整，商品率高；单瓜重400~500 g，亩产约3 500 kg。果长28~32 cm，横径5.8~6.5 cm，果肉厚1.4 cm，果实深绿色，有光泽，瓜瘤粗壮，瓜形美观。耐热、高抗白粉病（感白粉病指数为10.7），较抗疫病、枯萎病。产量比目前主栽品种'丰绿'苦瓜增产14.6%和'特选槟城'增产19.8%。华南地区的广东、广西适合秋季栽培或早春栽培，在海南南部全年可种植，尤其是反季节栽培更佳，在海南其他地区12月至翌年1月播种最好，长江流域可夏季栽培或秋延后栽培。

2.'热研二号'苦瓜

该品种是通过以优良自交系'02-20-4-9'（强雌性系）为母本、优良自交系'MC009'为父本的杂交种。该品种果实长圆锥形，果肩平，单果重400~500 g，果长24~26 cm，

'热研一号'苦瓜

'热研二号'苦瓜

横 径 6.0~7.0 cm，果 肉 厚 1.9 cm。果实绿白色，有光泽，瓜瘤粗壮，瓜形美观，耐热，高抗白粉病，较抗霜霉病。亩产40 000~60 000 kg，产量比绿白金 1 号油绿苦瓜增产 13.7% 和泰国青皮增产 25.4%。

3.'热研三号'苦瓜

该品种是通过以苦瓜自交系'07-20'为母本、'07-11'为父本的杂交种。该品种植株生长旺盛，分枝性较强，果实长圆锥形，纵 径 28~30 cm，横 径 5.5~6.0 cm，肉厚 1.5 cm。单果重 450~550 g；皮色深绿有光泽，瓜瘤粗壮，瓜形美观，品质优良；中早熟，播种至初收计 55~65 天，全生育期冬季种植 156~183 天，夏季种植 123~142 天；产量 45~60 t/hm^2，耐寒性较强。

'热研三号'苦瓜

（二十三）豇豆

'热豇 1 号'豇豆

该品种属中熟，生长势强，主蔓 3~4 节着生第一花序，叶片中等，中下层开花结荚集中，持续翻花能力强，荚嫩绿色，荚长 80 cm，条荚略粗，双荚率高，纤维少，耐热性好。适宜在海南、广东等热区种植。

'热豇 1 号'豇豆

（二十四）黄秋葵

'热研 1 号'黄秋葵

该品种为早熟品种，株高 1~1.5 m，果色浓绿，蒴果五角，发生弯曲果少，果肉肥厚，收获高等级果比率高。结果节位低，初期产量多。一般亩产 1 500~2 000 kg。适宜在海南、广东等热区种植。

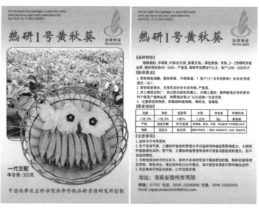

'热研 1 号'黄秋葵

（二十五）甘薯

1.'热甘 1 号' 甘薯

该品种是日本品种'高系 14 号'的改良品种。口感甜（可溶性糖 3%）、粉（淀粉 25%）、糯粉、入口即化、细腻、红皮淡黄心。口感完全超越'高系 14 号'，可以覆盖'高系 14'的海南板栗薯市场。亩产量 1 500~2 500 kg，生育期 110~135 天，种植时间 9—12 月。适宜在海南、广东等热区种植。

'热甘 1 号'甘薯

2.'热甘 2 号' 甘薯

该品种是日本品种'高系 14 号'的改良品种。口感甜（可溶性糖 2.8%）、粉（淀粉 19%）、糯粉、入口即化、非常细腻、玫红皮淡黄心、薯形好、商品率高、耐高温、耐低温。口感没有'高系 14 号'粉、更细腻、更糯。亩产量 1 500~2 500 kg，生育期 110~135 天，种植时间 8 月至翌年 1 月。适宜在海南、广东等热区种植。

'热甘 2 号'甘薯

3.'热甘3号'甘薯

该品种口感特甜（可溶性糖4%以上）、很粉（淀粉30%）、粉糯（有糯米的口感）、白皮白心。口感完全超越'三角宁'，可以覆盖'三角宁'市场。亩产量1 500~2 500 kg，生育期120~135天，种植时间9—12月。适宜在海南、广东等热区种植。

'热甘3号'甘薯

4.'热甘4号'甘薯

该品种口感特甜（可溶性糖4%）、很粉（淀粉29.8%）、沙粉、入口即化、红皮白心、薯皮下紫肉、膳食纤维超高（3.9%）。口感完全超越'三角宁'，可以覆盖'三角宁'市场。亩产量1 500~2 500 kg，生育期120~135天，种植时间9—12月。适宜在海南、广东等热区种植。

'热甘4号'甘薯

5.'热甘5号'甘薯

该品种属黄金烤薯。口感甜（可溶性糖2.5%）、甜糯、粉低（淀粉15%）、白皮黄心、糖化快、不裂果。口感完全超越台湾'黄金薯'。亩产量2 000~3 000 kg，生育期110~135天，种植时间9—12月。适宜在海南、广东等热区种植。

'热甘5号'甘薯

（二十六）热带花卉

1. 鸟巢蕨

鸟巢蕨为铁角蕨科铁角蕨属多年生阴生蕨类植物，株型丰满，叶色油亮，极具热带情调。可用于造景（客厅、会议室及书房、卧室的装饰），也可作为切叶。该品种为野生鸟巢蕨经驯化栽培优选、组织培养及炼苗移栽后而获得的优良种苗，适应性好，长势旺。

2. 海南钻喙兰

海南钻喙兰为兰科钻喙兰属多年生植物，附生性，花序美观似狐尾，花色清新素雅，花香四溢，开花量大，花期正值每年的春节前后，可用于道路美化、庭院造景等。该品种为野生海南钻喙兰经驯化栽培优选、组织培养及炼苗移栽后而获得的优良种苗，长势好。

鸟巢蕨

海南钻喙兰

3. 竹叶兰

竹叶兰为兰科竹叶兰属多年生植物，地生性，株型美观，花色清新素雅，花香伊人，一年四季花开不断，可用于道路美化、庭院造景等。该品种为海南野生竹叶兰经驯化栽培优选、组织培养及炼苗移栽后而获得的优良种苗，长势好。

竹叶兰

4. 海南金线莲

金线莲为珍稀药食同源植物，素有"药王""金草""神药""乌人参"等美称。金线莲入肾、心、肺三经，能全面提高人体免疫力，增强人体对疾病的抵抗力。该品种为野生海南金线莲经驯化栽培优选、组织培养及炼苗移栽后而获得的优良种苗，适应性好、成活率高。

海南金线莲

5. 白擎天

该品种是通过凤梨科（Bromeliaceae）果子蔓属（*Gumania*）的阿蒂擎天（*G. attila*）组培苗突变体筛选而来，是海南省首个获得植物新品种保护权的观赏凤梨品种，其苞片花青素严重缺失，由原来的紫红色突变为白色，植株形态没有发生变化，可作为观赏凤梨花色形成机理研究及花色新品种培育的材料，也可用作组合。

6. 雪玉红掌

该品种是从红掌红色系阿拉巴马品种的突变株系中选育出的一个白色系红掌品种。佛焰苞白色，花柄绿色，幼叶片绿色，幼叶柄绿色，茎绿色，肉穗花序金黄色，集雪白、翠绿、金黄为一体，纯净典雅，耐阴性强，佛焰苞不会因长期室内摆放而变色；与鲜红色阿拉巴马一起摆放具有强烈的视觉冲击感，是大型活动场所内花卉摆放首选。

白擎天

雪玉红掌

（二十七）水稻

1. '热黑稻1号'水稻

该品种原名为'热黑201'，是利用海南五指山黑稻与儋州黑稻杂交、通过择优系选培育而成的特种稻新品种。株型适中、茎秆粗壮、穗大粒多，生长势强、抗病、耐肥抗倒，全生育期120~140天，与'特优009'（CK1）表现相当，比'海亚黑稻2号'（CK2）长约7天。平均株高122.0 cm，亩有效穗16.77万穗，平均每穗总粒数173.8粒，每穗实粒数133.5粒，结实率76.8%，千粒重24.0 g。糙米粒紫黑色，约70%米粒心部为白色，充分成熟时心部为黑色，含大量花青素，米饭或米粥具有香、黑、稍糯的特点，实为米中珍品，对人体健康非常有益。

'热黑稻1号'水稻

2. '热香2号'水稻

该品种全生育期 130 天左右，株高 110 cm，高抗稻瘟病，耐肥抗倒。产量 6~7.5 t/hm²，品种米质为国优一级香软米（茉莉香味），米粒细长，米饭食味特别诱人，冷不回生。稀播培育带 1~2 分蘗的壮秧苗，大田用种 1.5 kg/ 亩。

'热香2号'水稻

3. '热农1A'水稻

该品种是从 'T98 B' / '金23B' // '宜香1B' 杂交后代群体中获得的转绿型新叶黄化自然突变株系为父本，以丰源 A 为母本，经测交和连续多代回交转育而成的籼稻叶

'热农 1A'水稻

色标记不育系。该品种长势繁茂、分蘖力强，株型适中，叶鞘、稃尖及柱头紫色，叶片全生育期每片叶都经历新叶黄化，随后从叶尖向叶基部由黄转绿的动态发育过程，是一种新的理想型水稻叶色标记材料，具有标记性状明显、农艺性状优良、花粉败育彻底、异交结实率高、米质较优、配合力好等特点。

4. '热农 2A'水稻

该品种是利用优良保持系'中9B/金23B'高世代材料为母本，以'五丰B'为父本进行复交人工制保，通过择优系选，然后与丰源A测保，并连续多代成对回交转育而成的新的水稻籼型三系不育系。具有植株较矮、生育期短、不育性稳定和配合力好等优点。不育度和不育株率均达到100%，是具有良好应用潜力的杂交水稻新组合。

'热农 2A'水稻

5. 耐盐水稻'ST003''ST022'

'ST003''ST022'都是从国外稻种资源经过筛选鉴定选育成的耐盐水稻新品种，最高可耐0.5%土壤含盐量的胁迫，在0.3%~0.4%含盐量的土壤中可正常生长，在文昌盐渍农田均表现株型紧凑，生长势强，不宜倒伏，后期落色好。

耐盐水稻'ST003'

耐盐水稻'ST022'

6. 特种糯稻'热糯 1 号'

该品种是以'泰引糯 2 号'×'儋州本地糯'杂交后系统选育至 F$_6$ 代时，从稳定群体中选择单株与来自柬埔寨的'紫秆糯稻'杂交，再经过 6 代系统选育后培育出的新品种。该品种产量约为 500 kg/ 亩，比对照'金糯 6 号'410 kg/ 亩增产 17.6%，已在海南儋州、定安、白沙等地试种，表现综合性状好。

特种糯稻'热糯 1 号'

7.'热科 182'水稻

该品种是以优质常规稻品种美香占为母本，以国外引进的品种资源改良材料为父本，杂交后经系谱法选择育成的低垩白优质早籼稻新品种。该品种全生育期 125 天左右，比

'热科 182' 水稻

特籼占 25 早熟 2~3 天，株高 112.6 cm，穗长 24.9 cm，结实率 93.2%，单株有效穗数 7.0 穗，千粒重 17.8 g，糙米率 79.6%，精米率 65.5%，整精米率 52.5%，米粒长 6.6 mm，长宽比 3.6，垩白米率 2%，垩白度 0.5%，透明度 1 级，碱消值 7.0 级，胶稠度 81 mm，直链淀粉含量 14%，蛋白质含量为 7.6%。其植株矮壮，株型适中，叶色浓绿，抗倒力强，生产中应注意稻瘟病和白叶枯病的防治。适宜海南省各市县作早、晚稻种植。

8. '红泰优 996' 水稻

该品种全生育期 135 天左右，株高 115cm，耐肥抗倒，产量一般 9.5 t/hm^2，区试比对照增产 10.76% 以上，米质为国优三级。是适宜华南热带气候的优质、高产、抗逆性强的三系杂交水稻新组合。稀播培育壮秧，秧龄 20~25 天；适当稀植，每亩有效穗 20 万 ~22 万穗为宜；施肥以三元复合肥为主，以腐熟有机肥作基肥，不宜过多施氮肥；后期成熟期不宜断水太早，田间应保持干干湿湿到收割前 10 天左右；生产中应注意防治病虫害。

'红泰优 996' 水稻

9.'红泰优 589'水稻

该品种属感温型三系杂交稻组合。早造全生育期 116~132 天，比'Ⅱ优 128'（CK）早熟约 3 天，植株较矮，株型中集，分蘖力较弱，穗小籽粒大，结实率高。每亩有效穗数约 18.98 万穗，平均株高 95.6 cm，平均穗长 19.2 cm，每穗总粒数 115.6 粒，结实率 84.4%，千粒重 28.0 g，后期熟色尚可，米质一般。适宜海南省各市县作早、晚稻种植，沿海地区晚造种植要注意防治白叶枯病。

'红泰优 589'水稻

10.'中莲优 589'水稻

该品种是以'中莲 1A'דRT589'培育的籼型中熟偏迟中稻品种，全生育期 139.3 天，株高 114.5 cm，株型适中，生长势强，叶姿直立，叶鞘绿色，秆尖秆黄色，秆尖无芒，叶下禾，后期落色好。每亩有效穗 14.9 万穗，每穗总粒数 176.5 粒，结实率 81.6%，千粒重 27.8 g。耐高温能力中，耐低温能力较弱。糙米率 81.3%，精米率 73.0%，整精米率 59.7%，粒长 7.2 mm，长宽比 3.4，垩白粒率 30%，垩白度 4.2%，透明度 1 级，碱消值 4.0 级，胶稠度 50 mm，直链淀粉含量 20.7%。适宜在海南省稻瘟病轻发的海拔 500 m 左右的山丘区作中稻种植。

'中莲优 589' 水稻

（二十八）铁皮石斛

铁皮石斛为名贵的药食同源植物，在国际药用植物界被称为"药界大熊猫"。《道藏》一书中把其列为中华九大仙草之首，位居人参和冬虫夏草之上，已被公认为顶级保健品。该品种为野生铁皮石斛经驯化栽培优选、组织培养及炼苗移栽后而获得的优良种苗，适应性好、成活率高。

铁皮石斛

（二十九）树菠萝（菠萝蜜）

该品种树姿开张，嫩枝披短毛，叶片椭圆形，叶尖渐尖，叶基楔形，单果重 4.5~18.5 kg，平均 12.5 kg。果实椭圆形，果形指数 1.5；果皮黄绿色，皮刺尖，白色果胶含量少。果苞橙红色，质地脆，甜，属于干苞类型，可溶性固形物含量 23.5%~27.8%；果腱乳白色，有浓郁的近似于榴梿的香味。'香蜜 17 号'嫁接苗，按照生产树进行整形修剪，定植 2.5 年后可首次开花结果，第 3~4 年初产期平均株产 45.8 kg，盛产期预计株产可达100 kg 以上。

树菠萝（菠萝蜜）

（三十）益智

'琼中 1 号'益智为多年生草本，株高 1.8~2.3 m，茎丛生，根茎短。果实成熟时呈黄绿色，蒴果近圆形。种子形状不规则。一般定植 2~3 年开始开花结果，5—6 月果实成熟。干果总灰分为 5.3%，挥发油含量为 1.13%。该品种具有长势旺盛、分蘖能力强、坐果率高、果穗长、果形一致、果实饱满、产量高等优良特性。可与橡胶、槟榔等作物间套种。

'琼中 1 号'益智

（三十一）百香果

1.'香妃 1 号'百香果

该品种植株抗性强，果实表皮为紫色，果实为近圆形，香气浓郁。早熟品种，植后 5~6 个月可收获，产量高，平均亩产鲜果可达 1 500~2 000 kg。适宜在广东、广西、海南、云南以及福建、贵州等百香果种植区种植。

'香妃 1 号'百香果

2.'中百 6 号'百香果

该品种以'大黄果'西番莲为母本（母本果皮薄、可食率高、果形大、偏酸，引自巴西农业研究公司）、'小黄果'西番莲为父本（父本果形较小、果肉呈黄绿色、甜度 ≥ 20 Brix，由中国热带农业科学院海口实验站通过对该本地种进行实生苗选育获得的优良单

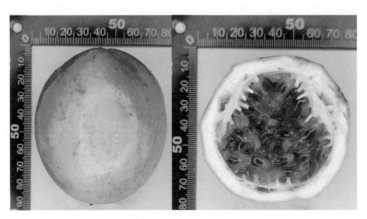

'中百 6 号'百香果

株）杂交而成，其口感较好、甜度较高，主要用于鲜食；可溶性固形物约 18.9、果形椭圆形（11.55 cm × 10.42 cm），长宽比 1.11，果重不低于 120 g，可食率不低于 55%，果实成熟后，果皮主体为黄色，光泽度高，颜色均匀。适宜在广东、广西、海南、云南以及福建、贵州等百香果种植区种植。

3.'中百 7 号'百香果

该品种以'大黄果'西番莲为母本、'小黄果'西番莲为父本杂交而成，其酸度较高，主要用于加工；可溶性固形物约 17.9（糖酸比 10.80）、果形椭圆形（9.32 cm × 8.30 cm），长宽比 1.12，果重不低于 110 g，可食率不低于 55%，果实成熟后，果皮主体为黄色，光泽度高，颜色均匀。适宜在广东、广西、海南、云南以及福建、贵州等百香果种植区种植。

'中百 7 号'百香果

（三十二）油梨

1.'热油 1 号'油梨

该品种单果重 600~850 g，单株产量约 80 kg，果实可食率为 81.07%，果实含油量 5.27%、维生素 C 含量 22.85 mg/100g、可溶性糖 17.24 mg/g，可溶性蛋白含量 33.55 mg/g。适宜在海南、贵州种植。

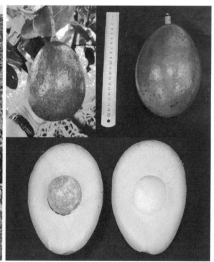

'热油 1 号'油梨

2.'热油 2 号'油梨

该品种单果重 450~650 g，单株产量约 85 kg，果实可食率为 70.17%，果实含油量 5.44%、维生素 C 含量 33.9 mg/100g、可溶性糖 11.55 mg/g，可溶性蛋白含量 16.88 mg/g。适宜在海南全省种植。

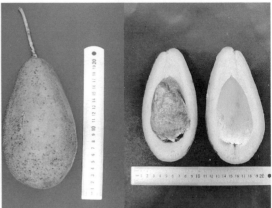

'热油 2 号'油梨

3.'热油 3 号'油梨

该品种单果重 500~800 g，单株产量约 100 kg，果实可食率为 63.3%，果实含油量 8.09%、维生素 C 含量 32.49 mg/100g、可溶性糖 11.24 mg/g，可溶性蛋白含量 35.58 mg/g。适宜在海南、云南、广西种植。

'热油 3 号'油梨

4.'热油 4 号'油梨

该品种单果重 260~360 g，单株产量约 80 kg，果实可食率为 68.27%，含油量 7.63%、维生素 C 含量 41.2 mg/100 g、可溶性糖 13.97 mg/g，可溶性蛋白含量 25.4 mg/g。适宜在海南、云南、贵州种植。

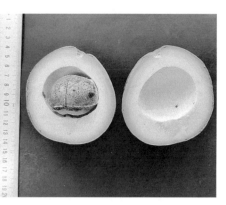

'热油 4 号'油梨

二、新技术

（一）橡胶树组培苗工厂化繁育技术

该成果是"以橡胶树花药或内珠被为外植体，经愈伤诱导、初生体胚诱导、次生体胚循环增殖、植株再生"的组培快繁技术工艺，繁育速生高产橡胶树良种良苗。目前年生产能力达 50 万株，大田移植成活率达到 95%。目前，该技术成果在海南、云南和广东植胶区规模化推广应用，表现出抗风、速生、高产的优势，并获得 2012 年海南省科技进步奖二等奖。

（二）橡胶树自根幼态无性系繁育技术

该技术以胚状体为繁殖材料，通过胚生胚的方式进行体胚循环增殖，再诱导体胚植株再生，从而实现橡胶树自根苗规模化繁殖。解决了橡胶树新型种植材料繁殖效率低的问题，其体胚年增殖效率可达 10 000 倍，植株再生效率达到 70% 以上，移栽成活率达 85% 以上。比目前生产应用的主体种植材料（老态芽接无性系）速生、高产、高抗，是天然橡胶产业今后发展的主体种植材料。该技术主要包括初生体胚诱导、循环次生体胚增殖胚状体、体胚植株再生和袋育苗 4 个步骤，其中循环次生体胚增殖胚状体（A-D）是此技术体系核心。此技术培育种苗不适合用作接穗。适合于具有组培条件的任何区域，但是，建议在植胶主栽区建厂。

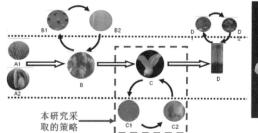

胚状体

橡胶树自根幼态无性系的繁育方法

橡胶树自根幼态无性系种苗

（三）橡胶树死皮康复综合技术

橡胶树死皮是指乳管部分或全部丧失产胶能力的现象，其症状表现为割线排胶减少，甚至完全停排。据估计，目前世界各植胶国有 20%~50% 的橡胶树存在死皮现象，每年因此损失 131 万 ~174 万 t 的天然橡胶产量，造成的直接经济损失约 50 亿美元。我国是橡胶树死皮发病率较高的国家之一，尤其是在近些年，死皮发病率逐年大幅上升，全国死皮率高达 30%，有的胶园死皮停割率达到 60% 以上。因此，橡胶树死皮已成为制约天然橡胶

橡胶树死皮康

产业发展的重要因素之一。该技术针对 3 级以上橡胶树重度死皮研发了一种橡胶树死皮康复组合制剂；针对 3 级以下轻度死皮开发了一种用于树干喷施的液体肥料，形成了一套有效、可行的橡胶树死皮康复综合技术。该综合技术平均死皮恢复率达 40%，一般 4~6 个月就恢复产胶，并延长割胶时间 2 年以上，有效解决橡胶树死皮对天然橡胶产业的生产的制约。该技术成果经农业农村部组织的评价，成果达国际先进水平；被国家林业和草原局遴选为 2020 年重点推广林草科技成果 100 项。

（四）高稳定性橡胶木处理技术

橡胶木是热带主要的人工林阔叶材，其中海南、云南年产量就超过 100 万 m³。橡胶木材密度 0.60~0.65 g/cm³，机械加工和油漆性能良好，广泛用于家具、玩具制作及室内装修。中国热带农业科学院橡胶研究所经对橡胶木进行改性处理，使其密度达到 0.70~0.90 g/cm³，硬度提高 30%~90%，尺寸稳定性提高 20%~50%，达到防虫防腐效果。其改性处理成本低，处理后的橡胶木颜色接近热带硬木，可部分替代柚木、菠萝格等热带雨林木材生产家具、木地板及室内外装饰装修。由于原材料价格适中，可持续供应，处理后的木材密度、色泽及尺寸稳定性等综合性能优良，可大幅度提高橡胶木的附加值。大部分生产设备可采用木材加工企业现有设备完成，具有较好的市场应用前景。

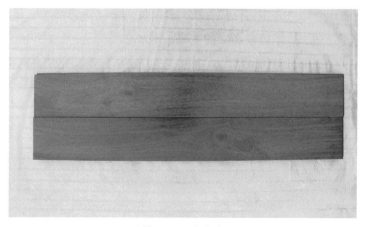

改性处理后的橡胶木

（五）天然橡胶湿法混炼胶生产技术

针对天然橡胶连续湿法混炼工艺存在的关键技术问题，研发了天然橡胶胶乳 / 填料体系高效混合技术，共混乳液快速凝固技术、防沉技术，胶料挤压脱水、薄层带式连续干燥技术，并在相关企业应用推广示范，使生产过程较传统工艺节能 20% 以上。

天然橡胶湿法混炼胶生产技术

（六）咖啡全产业链生产技术

经过 50 多年探索研究，选育出 8 个高产无性系咖啡品种，其中 2 个品种通过国家品种审定，2 个品种通过海南省品种认定；并先后攻关配套优良种苗繁育、低产园改造、种间嫁接、标准化栽培、绿色病虫害防控等技术；研发出低温热泵干燥、真空冷冻干燥、焙炒增香、超细粉碎等加工技术；使咖啡的生产技术水平、产量、品质和产值得到大幅度提高，亩产干豆达 140kg 以上，结合配套的精深加工技术，开发出精品兴隆咖啡、挂耳咖啡、冻干咖啡等系列科技产品 10 余种，促使产值增值达 300%，先后荣获国家科技进步奖和海南省科技进步奖。

咖啡树

（七）咖啡超微粉加工技术

以咖啡为原料，开展咖啡超微粉系列产品加工关键技术研发，将咖啡微研磨精深加工产品，筛选技术参数并改进工艺。其中咖啡经过智能数控烘焙后粗磨成粉，将粗粉物料颗粒通过超微研磨机粉碎至微米甚至纳米级超细粉体，制成咖啡超微粉即溶饮品，提高了原料利用率。

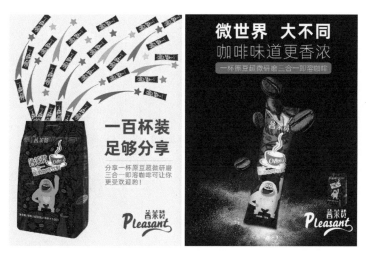

咖啡超微粉加工技术产品

（八）胡椒抗病种间嫁接苗技术

该项技术成果以'热引1号'胡椒为接穗，以高抗病野生近缘种黄花胡椒为砧木，突破提升种间嫁接成活率技术，繁育抗病种间嫁接苗，总结形成胡椒抗病嫁接苗培育和配套种植管理技术，提高胡椒栽培品种抗病能力，嫁接成活率达到80%以上。嫁接胡椒农药使用量和劳动力投入大幅减少。

胡椒嫁接苗田间长势（嫁接后1年）

（九）胡椒调花促果高效生理调控关键技术

该项技术成果解决了投产胡椒非主花期和未投产胡椒抽穗开花争夺树体养分，花期不集中和灌浆效果差等难题，研发的调花技术使投产胡椒非主花期和未投产胡椒花穗数减少50%以上；研发的缓释配方肥促灌浆技术使千粒重增加27%以上，实现了节本37%以上，节肥39%以上，显著提高了经济效益、养分利用率和生态环境效益。

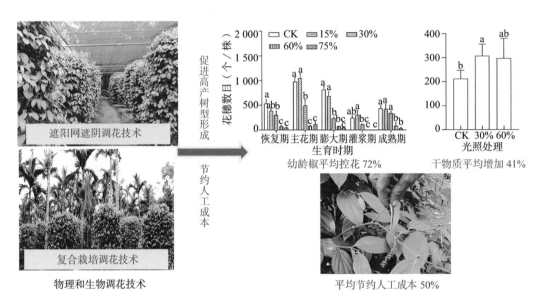

胡椒调花促果高效生理调控关键技术

（十）胡椒粉垄式松土施肥技术

该项技术成果研发宽窄行宜机化耕作模式以及第一代粉垄式松土施肥一体机及配套技术，将传统的 2 m×2.5 m 株种植行距改为 2 m×1.0 m×3.0 m 的宽窄行种植模式，种植

胡椒宽窄行宜机化示范园

粉垄式松土施肥一体机

时胡椒头朝向宽行，既不破坏土层结构又能实现松土、深施有机肥、回土一次完成，促使增产 17%，生产效率提高 5 倍以上，成本降低 18%。

（十一）胡椒瘟病绿色防控新技术

该技术成果针对当前生产上胡椒瘟病为害严重、绿色防控技术缺乏的问题，系统开展胡椒瘟病成灾机制、生防机理和关键防控技术研究，集成以农业防治为主、生物防治为辅的绿色综合防控技术，在胡椒主产区累计推广面积 20 万亩，将胡椒瘟病发生率降低到 1% 以下，使化学农药用量减少 25% 以上，白胡椒产量增加 8%，近 3 年创造经济效益 3.43 亿元，实现了防灾降损、减药增效、生态环保等效果，以绿色技术助推胡椒产业向生态化转型。

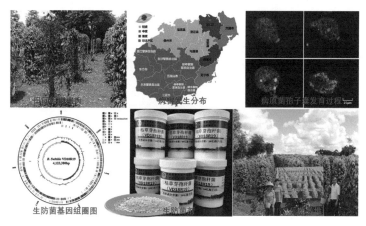

胡椒瘟病绿色防控新技术

（十二）胡椒全产业链生产技术

针对胡椒产业链生产技术效率低、成本高等问题，培育主栽品种，研发了高产优质品种繁育、高效栽培、病害绿色防控、机械加工等绿色高效生产技术，以及高附加值产品和配套设备，形成胡椒高效生产配套技术，具有明显高效、生态、节本等特点。成果分别获得海南省科学技术进步一等奖 1 项、二等奖 2 项，为当前胡椒规范化生产、标准化加工提供成熟配套技术支撑，对我国乃至世界热区胡椒产业起到辐射带动作用。

胡椒圃

（十三）胡椒鲜果机械化脱皮技术

该项技术成果采用机械脱粒分级—快速果皮软化—连续机械化脱皮脱胶—风味保存干燥—色选除杂等技术加工白胡椒产品。实现了胡椒鲜果机械化快速脱皮，避免了产品产生异臭味、霉变等，节约用水 80%，污水零排放，产品、环境和生产全过程零污染，资源利用率提高 30%，解决了加工用水量大、污染环境的难题，产品质量达到行业一级品标准。

胡椒鲜果机械化脱皮技术

（十四）农产品功能组分提取与稳态化（速溶）生产技术

热带特色农产品种类多、活性强，但在加工过程中有效成分易受氧化、光解等加工条件的影响导致最终产品活性成分损失和功效降低，进而阻碍了整个热带特色农产品精深加工的发展。中国热带农业科学院经过不断研究与创新，研发出了基于温控提取浓缩技术、速溶分散技术、香气缓释技术、天然调味技术、低温干燥技术"五位一体"的主成分速溶生产技术，可根据原料特性差异设计不同的生产工艺参数，使香气和有效成分得到最大程度保留，且冷热水皆可快速溶解。

速溶茶

（十五）农产品功能组分提取与稳态化（护肤品）生产技术

该技术优选特殊植物，针对性采用低温提取浓缩等工艺，从火龙果茎、澳洲坚果和辣木等农产品中萃取其天然功能营养精华，结合天然成分分别研制火龙果茎面膜、霜、乳液、洗手液，澳洲坚果油面膜、手霜、润唇膏，辣木提取物面膜、唇膏、乳液等系列护肤产品，系列护肤产品适合多种类型肌肤，受试者皮肤水分明显增多，皮肤弹性显著提高，具有深层锁水和保湿舒缓的功效，在护肤品和日化用品行业具有广泛的应用前景。

澳洲坚果油面膜　　　　　　　　　火龙果茎面膜

（十六）特色热带植物精油的固定化关键技术

针对当前特色热带植物精油易挥发、稳定性差、持香性短、不方便携带、应用局限性大等突出问题，分别采用具有自主知识产权的低温微胶囊固定技术和纳米纤维素固定技术固定植物精油，突破了现有精油微胶囊技术在干燥过程中极易发生"爆壁"、香气成分破坏等瓶颈难题，制备了多种高品质的植物精油固体微胶囊（甜橙精油、薰衣草精油、茶树精油等）产品，包埋率高于95%，颗粒度均匀，实现了产品颗粒度在较大范围可控（20~100目），并提出了植物精油微胶囊化、纤维素绿色改性新途径和纳米纤维素粒度控制技术3项关键技术，改

茶树精油

善其品质特性，可应用于高档香烟、玩具、食品等的增香剂，在烟草、日化、食品行业具有广阔的市场前景。成果获得了海南省科技进步奖二等奖，对我国热带天然香料产业升级与发展具有重要的推动作用。

（十七）优稀水果果粉高值化加工关键技术

针对火龙果、番石榴、菠萝蜜等优稀水果生产中成熟期集中、不耐贮运、货架期短等突出问题，利用连续化冷加工技术原理，对不同呼吸类型、不同品种的优稀水果开展果粉深加工工艺研究，同时比较加工后形成果粉的功能特性、营养成分及抗氧化能力，研究不同品种的最佳果粉生产工艺；并以火龙果果皮为原料，制备出高品质果粉，以制备出的果粉为原料，开发出冷饮、冰激凌和含片等功能性产品，具有重要的经济价值和社会价值。成果获得了海南省科技进步奖一等奖。

火龙果压片

（十八）菠萝蜜高效生产技术

该技术成果包括菠萝蜜高效栽培、主要病虫害及其防治、产业化配套加工及产品研发等关键技术内容，涉及作物产前、产中、产后，制定农业行业标准《木菠萝 种苗》等6项；新开发的冻干果片、菠萝蜜起泡酒等已上市；科技成果"菠萝蜜产业化配套加工关键技术及系列新产品研发"荣获海南省科学技术进步奖二等奖，为当前菠萝蜜规范化生产、标准化加工提供最新成熟配套技术支撑。

高产示范园

（十九）辣木加工技术

近几年，辣木在我国云南、广东、海南等地呈"爆炸式"发展，种植规模迅速扩增。

现有加工技术普遍存在产品品质差、技术不系统、产品一致性差等问题，成为辣木产业发展瓶颈。中国热带农业科学院经过攻关，突破了辣木叶速溶保色、辣木叶微发酵过程风味控制、辣木酒产品品质一致性等系列关键技术难题，研发出辣木速溶茶、辣木发酵菜、辣木酒、辣木饼干、辣木软糖等系列产品工程化生产技术，并申报了国家发明专利6项。

辣木产品

（二十）植物精油高效提取与加工技术

针对我国植物精油的市场增长迅速，但加工技术水平落后，产品品质参差不齐，消费者信任度低，高品质天然植物精油少等问题。该技术成果基于二级分子蒸馏的植物精油提取纯化技术，采用了最先进的超临界二氧化碳萃取技术耦合分子蒸馏技术提取植物精油，并结合二级分子蒸馏纯化技术，高效萃取，低温分离，既能最大限度地保留了沉香原有活性组分，又能使植物精油中的有害组分进一步脱除，有效组分进一步浓缩，显著提升产品

植物精油提取设备

品质和功效。该技术已应用于生产高品质茶树精油、高良姜精油、沉香精油、甜橙精油等系列产品，品质得到许多消费者和业内人士高度认可。同时，也建立了我国第一个沉香木标准化数据库，该数据库利用热裂解气相色谱质谱，利用质谱的高度专一性，建立每种沉香木的特有数据，该数据库具有高度的识别特性，能快速鉴别沉香木的类型及真假。

（二十一）植物祛斑活性成分纳米微囊包覆加工技术

该技术采用国际顶尖的纳米微囊包覆技术，选用天然高分子材料将多种植物祛斑活性成分包覆加工处理后形成一种纳米级微囊，粒径大小 50~100 μm。由于这项创新技术，使在配方核心中加入祛斑活性因子微囊成为可能，可采用该技术开发植物纳米祛斑精华霜、植物纳米祛斑精华液等系列新产品。拥有亲肤性的祛斑纳米微囊能轻易穿透皮肤角质层直达肌肤深处释放出珍贵的天然祛斑活性成分，起到高效持久的美白祛斑功效作用，有效祛除或淡化老年斑、黄褐斑、妊娠斑、雀斑、晒斑等，由内而外层层修复肌肤，令肌肤整体美白，而且祛斑后不反弹。该技术解决了植物祛斑活性成分不易渗透入人体肌肤和祛斑持久性差的技术难题，克服了传统美白祛斑产品的毒副作用大和祛斑后易反弹的缺陷。

祛斑纳米微囊产品

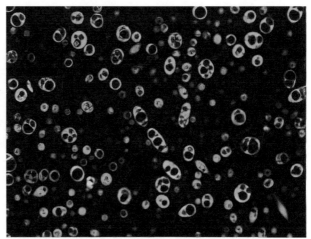

祛斑纳米微囊激光共聚焦显微镜图

海南山柚油

（二十二）蒸汽爆破结合水代法提取油茶籽油

蒸汽爆破结合水代法是一种新型的基于物理、生物手段的提取油方法。利用蒸汽爆破工艺辅助提取油茶籽油的方法，有效解决了传统水代法中碾磨困难的问题。提取的油茶籽油质量好、品质高，基本不需脱胶、脱色工序即可达到国家标准要求，而且出油率也高于传统的水代法。

（二十三）热带经济作物种植园酸化土壤改良技术

该项技术成果针对热带经济作物种植园土壤酸化现状与致酸因子，创建出治酸、阻酸和控酸为核心的农业废弃物及其生物炭治酸、土壤改良剂协同增效治酸、有机无机配施阻酸、化肥平衡施用增效控酸 4 项热经作园酸化土壤防治关键技术，揭示了海南省近 25 年热带经济作物种植园土壤酸化的趋势，解析了驱动因子，构建了酸化土壤信息化分区管理技术模式；在海南、广东、广西和云南等热区多种热带经济作物上大面积推广应用，促使土壤 pH 值平均提高 0.5 个单位，作物增产 10%~33%，社会效益、经济效益、生态效益显著。技术成果被评价为总体达到国际先进水平，并获得 2019 年度海南省科技进步奖一等奖。

酸性土壤改良剂

（二十四）连作障碍土壤改良技术

该项技术成果针对热带作物常年连作所发生的土壤障碍问题，建立消毒剂 – 覆膜联合土壤消毒、土壤化学肥力培育、土壤生物肥力培育 3 项土壤消毒与土壤培肥关键技术，并在海南三亚南繁基地、广东澄海推广示范应用，有效解决豇豆、草莓等连作问题，极大地降低了豇豆、草莓（试验区红叶病发病率约 2%，对照区约 85%）病害的发生，减少了农药的使用，作物死苗率降至 5%，产量增产 20% 以上，土壤有益微生物显著增加，社会效益、经济效益、生态效益显著。

连作障碍土壤改良试验对比图（右边使用，左边未使用）

（二十五）耕地土壤重金属污染钝化调理技术

该项技术成果根据耕地土壤酸性强、重金属活性高的污染特点，研发了重金属污染的钝化修复技术，筛选适宜当地气候、污染特征、不同作物的配套修复技术，开展了土壤改良技术，配合优化施肥、调理剂及叶面调控的集成技术对污染耕地土壤重金属的阻隔技术应用示范，形成了一套海南热区行之有效的耕地土壤重金属阻控技术，解决了土壤重金属污染中"卡脖子"技术问题，实现了农产品的安全生产。

土壤重金属污染钝化调理试验对比图（右边使用，左边未使用）

（二十六）橡胶园土壤养分分区管理技术

该项技术成果集成了养分管理分区、营养诊断和信息化管理等技术，实现了橡胶园土壤养分管理的宏观控制和具体指导管理，使橡胶园土壤管理能够信息化和智能化，大大提高了胶园土壤管理的简便性、准确性与效率性，有效提高橡胶单产、是天然橡胶产业现代化土壤管理的重要创新。技术成果入选原农业部"十三五"期间第一批热带亚热带作物主推技术。

（二十七）厌氧—好氧双级耦合发酵高效转化有机肥／栽培基质技术

针对秸秆、畜禽粪便等农业废弃物难降解、严重污染环境等问题，研发了厌氧－好氧双级耦合发酵系统，通过双级发酵，将废弃物资源转化成有机肥或基质等高附加值产品，构建了农业废弃物肥料化／基料化高效利用技术体系，发酵腐熟更彻底，发酵过程更节能环保。该技术优势在于：①采用自主研发菌剂，经厌氧－好氧微生物双级发酵，养分更全，形成的有机大分子更利于重金属吸附钝化，抗生素、农药降解更彻底；②无须除臭系统；③无废液排出，全部高效转化为清洁能源、肥料或基质，零排放；④无须额外加热。

| 发酵前 | 发酵中 | 发酵后 |

（二十八）农业田间废弃物收转运技术

该项技术成果根据不同作物秸秆性状的差异，采用田间搂集＋捡拾打捆的模式，或者田间粉碎＋捡拾打捆的模式，实现秸秆高效收集。设计研发前置圆辊多刀粉碎、螺旋捡拾、多辊滚动收集等机构，秸秆收集高度、粉碎长度可调节，捡拾率≥90%，打捆紧实，便于装载运输。配合抓草机和秸秆运输设备，实现秸秆短线收集和远程运输两种高效收转运模式。

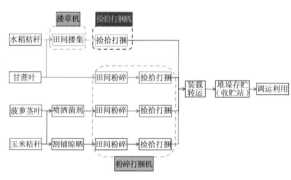

农业田间废弃物收转运技术

（二十九）椰子优良种苗繁育技术

该项技术成果确定了种果的成熟度、形状标准和最佳种果处理方法，提高发芽率9.62%~10.21%，缩短发芽时间0~18天；明确了最佳播种方式，提高发芽率18.89%，缩短发芽时间15.34天；"全根苗"技术提高种苗移栽成活率4.78%~10%，提早出圃90~120天，种苗生长指标显著增加。该成果技术国内领先，经过技术熟化，已经形成一整套椰子优良种苗繁育体系，适合在海南省各地进行推广。

标准化椰子苗培育

（三十）椰子功能蛋白多肽和膳食纤维制备技术

该项技术成果以膜分离、高速离心、二次沉淀等技术，从脱脂椰麸中制备椰子分离蛋白和膳食纤维，以椰子分离蛋白为原料，采用复合酶法、凝胶色谱分离技术制备和纯化椰子活性多肽，研究表明，水解度为 14%~17.22% 的椰子蛋白酶解物具有较好的抗氧化性，而分子量为 22.5~31.2 kDa 的椰子多肽具有显著的体外降血压活性。

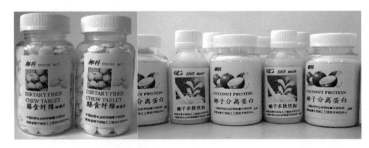

椰子功能蛋白多肽和膳食纤维

（三十一）椰子水保鲜及加工技术

该项技术针对椰子水加工环节，已有成熟的天然椰子水色变和味变控制技术，掌握椰子水浓缩技术；开发了 100% 天然嫩椰子水饮料、100% 天然老椰子水饮料、水果复合椰子水饮料和复原椰子水饮料等，保质期达 12 个月。

椰子水保鲜

（三十二）新鲜椰肉保鲜技术

该项技术是将新鲜椰肉加入保鲜剂溶液中进行高温热烫处理，取出沥干，然后装入经消毒后的包装中进行低温冷藏，冷藏温度 2~8℃，能将新鲜椰肉品质保鲜至60 天以上。解决了新鲜椰肉在贮藏过程中极易发生变质的问题，可将椰肉贮藏期由 3天提升至 2 个月以上。该技术的突破，能

新鲜椰肉保鲜

够改变我国椰子的进口方式，使传统的进口椰子果改为进口新鲜椰肉，提升运输效率，降低我国椰肉的供应成本，具有广阔的市场前景。

（三十三）一种同时生产天然椰子油和低脂椰子汁的关键技术

该技术将椰肉磨碎、压榨、过滤得到椰奶，椰奶经离心分离得到浓缩椰浆和椰子乳清；浓缩椰浆离心分离为椰子油半成品和椰子乳清；椰子油半成品经真空干燥后得到天然椰子油成品；向椰子乳清中添加复合乳化剂、复合稳定剂、酸度调节剂、甜味剂和水，均质后经过灌装、高温灭菌，冷却至室温，得到低脂椰子汁成品。该技术操作简单，对设备要求低、生产效率高、产品质量高，通过对椰子汁加工工艺的改进，生产得到天然椰子油和低脂椰子汁，所得椰子汁脂肪含量低、蛋白质含量高、口感爽滑、保质期长。

一种同时生产天然椰子油和低脂椰子汁的关键技术

（三十四）浓缩椰浆低温加工技术

浓缩椰浆是以新鲜椰浆为原料，经脱水、乳化、灭菌等工艺制作而成的一种浓缩果浆，具有补充人体营养、驻颜美容、预防疾病等多种功能。在食品工业中，浓缩椰浆可以取代椰肉作为加工原料，生产椰子汁、椰子糖、椰子粉等多种产品。该技术采用低温浓缩

浓缩椰浆

工艺，突破了传统加热工艺对浓缩椰浆颜色和风味的影响，不仅浓缩效率高，而且能有效保留椰浆原有的风味成分。该技术开发的主要目的是推动浓缩椰浆在椰子加工业中的应用，缓解我国椰子加工业原料供应紧缺的矛盾。

（三十五）天然椰子油制备及深加工技术

该技术采用物理破乳方法，从新鲜椰奶中快速高效制备出天然椰子油。通过这种加工方式获得的天然椰子油保留了椰子油中维生素 E、生育三烯甘油酯和多酚化合物以及多种微量元素，较其他制备方式获得的椰子油有更高的抗氧化能力，能有效地降低体内总胆固醇、甘油三酸酯、磷脂、低密度脂蛋白和超低密度脂蛋白胆固醇的水平，同时提高高密度脂蛋白胆固醇的水平。

天然椰子油制备及深加工技术和产品

（三十六）椰子花序汁液采集及深加工技术

椰子花序汁（简称椰花汁）是一种白色、半透明、有甜味的棕榈汁，取自于未绽放椰子佛焰苞。新鲜椰花汁营养丰富，pH 值 6.0~6.4，含 14.8%~16.4% 糖类，16 种氨基酸，各种维生素，其中维生素 C 和复合维生素 B 含量高，特别是尼克酸。椰花汁可作为糖、糖浆、饮料和醋的一种可替代资源，其加工成的产品有新鲜椰花汁饮料、椰花汁糖浆、椰花汁酒和椰花汁醋等。

椰子花序汁液采集及深加工技术和产品

（三十七）重要检疫性害虫红棕象甲综合防控关键技术

该项技术成果是以红棕象甲种群防控为核心，开展了一系列系统深入研究，构建了发生量预测模型，精确度达 95%，研发出声音早期诊断实用技术。将田间疫情诊断由 90 天缩短到 7 天，准确预报率达 80% 以上，使化学防治用药量减少约 60%；发明了红棕象甲聚集信息素引诱剂、诱芯及诱捕器，其持效期延长 90 天，诱捕效能提高 31.4%。筛选出防效良好的混剂配方，明确了最佳田间施药方法——"打点滴"，田间致死率达 93.9%；筛选出致病力高的菌株，研制出防效好的剂型及配套技术，田间致死率达 26.8%。该成果在海南、广东、广西、福建、云南等省（区）陆续推广应用，示范推广面积达 61.8 万

重要检疫性害虫红棕象甲综合防控关键技术

亩次，挽回经济损失 1.81 亿元，显著提升了对红棕象甲的整体防控能力和水平，有效地保护了棕榈植物的安全生产和生态环境。该成果获 2013 年海南省科技进步奖一等奖。

（三十八）油棕优良种苗繁育与规模化种植技术

该技术将油棕杂交制种、种子催芽、种苗培育以及种苗标准等重要环节的关键技术进行集成。主要包括油棕杂交制种关键技术，如亲本单株选择、花粉采集与保存方法、授粉时期确定与方法等。油棕种苗规模化繁育技术体系，包括种果筛选、种子处理及催芽条件等，使油棕发芽率可达 82%，发芽周期缩短了 30 天左右。对育苗袋和种苗质量等级提出相应的要求，并规定了种苗检验和出圃标准及包装、标签、运输和贮存。对油棕园田间管理技术、树体管理和复合栽培经营模式的构建技术等，油棕的规模化种植时提出其要求的栽培条件和技术要点，在此基础上建立油棕高产示范园。该成果获 2015 年海南省科技进步奖三等奖。

油棕种苗高效组培繁育技术

（三十九）菠萝蛋白酶提取新技术

当菠萝蛋白酶活性超过 120 万 U/g 时，可作为药物吸收促进剂，在医药行业具有广阔应用前景，目前，国内尚不具备生产该产品技术，产品主要依赖进口，在国际市场上供不应求。该技术以自制的有机高分子吸附剂，与菠萝果汁中的蛋白酶发生亲和作用，将蛋白酶吸附沉降后，再经洗脱、超滤浓缩、真空冷冻干燥等过程得到高品质的菠萝蛋白酶。较原有技术有三方面优势：①提取菠萝蛋白酶活性高，一般在 200 万 U/g 左右，最高可达300 万 U/g（与农业因素有关）；②在利用皮渣生产高活性蛋白酶的同时，可获得澄清果汁；③工艺简单易行，且对设备无特殊要求。

菠萝蛋白酶提取新技术

（四十）王草、木薯叶混合发酵型饲料制备技术

该技术入选海南 2021 年主推技术，主要以我国南方重要栽培牧草'热研 4 号'王草和经济作物木薯副产物木薯叶为原料，采用适当比例混合、添加专用乳酸菌和甘蔗糖蜜等调制方法，厌氧发酵而成。该技术具有操作简便、提高饲料品质、改善动物适口性等特点，生产的饲料饲喂海南黑山羊能显著提高生产性能和经济效益。该技术可在我国王草和木薯种植区以及东南亚、非洲等热带地区和国家推广，对解决反刍家畜粗饲料资源供应不均衡、经济作物副产物合理利用具有重要意义。

王草、木薯叶混合发酵型饲料制备技术

（四十一）周年繁殖区草地贪夜蛾综合防治技术

该技术入选海南 2021 年主推技术，在监测草地贪夜蛾海南发生动态及迁飞规律基础上，及时预报草地贪夜蛾发生情况，因地制宜采取分区治理，通过理化诱控、生物防治、生态控制、应急化学防治等综合措施，强化统防统治和联防联控，及时控制害虫扩散为害。通过本项技术，每季玉米可减少用药 2~3 次，有效保护生态环境安全；每亩节约用药成本 50~80 元，产量增加 10% 以上；并且显著减少草地贪夜蛾北迁基数，保护南繁玉米等育种制种产业，保障国家粮食安全。

周年繁殖区草地贪夜蛾综合防治技术

可大幅度减药增产的防虫网技术

（四十二）可大幅度减药增产的防虫网技术

该技术入选海南 2021 年主推技术，具有通透性好、分散雨水、经济实用等优势，主要针对海南高温多雨、病虫害高发、塑料大棚温度高、露天种菜难、农户大量频繁使用化学农药造成残留等问题进行设计，通过完善搭建方法和改进田间管理技术，一般不用打药，每茬产量增加 20% 左右，可大幅减少病虫害的发生，提升蔬菜品质，已在广东、辽宁等全国多个省市进行推广应用。

（四十三）芒果蓟马的监测和诱杀技术

我国芒果蓟马种类多达 43 种，其中茶黄蓟马和花蓟马等为优势种，可为害芒果的花穗、幼果和嫩叶等。茶黄蓟马在花期、幼果期和嫩叶期均可造成严重为害，而花蓟马则主要在花期为害。该技术通过颜色与虚拟波长的转换，采用定量筛选方法筛选出茶黄蓟马和花蓟马的嗜好颜色参数，并研制出相应的黄绿板和蓝板，同时，分离筛选出茶黄蓟马嗜好的寄主挥发性物质，并将色板诱捕和聚集信息诱捕进行有机结合，形成了茶黄蓟马特异性高效诱捕产品，既可用于茶黄蓟马和花蓟马的监测预警，也可用于防治。

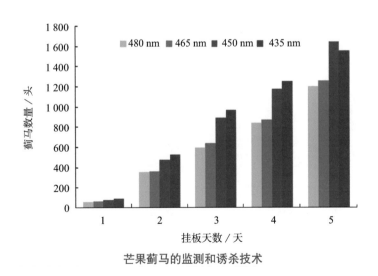

芒果蓟马的监测和诱杀技术

（四十四）菠萝叶芽扦插快速育苗技术

该技术入选 2021 年广东省农业主导品种和主推技术，该技术可操作性强、易推广，

8~10 个月成苗，长势整齐无变异，繁殖系数可以达到 40~60，已经广泛应用于'金菠萝''台农 21 号''台农 22 号''台农 23 号'等新品种的快速育苗，从一定程度上缓解了新品种种苗稀缺的问题。叶芽扦插技术的应用推广，新品种'金菠萝'种苗从 2012 年的 4 元一株，降低到现在的 1 元一株，降低了农民的生产成本，为新品种的顺利推广做出了很大的贡献。

菠萝叶芽扦插方法

（四十五）菠萝产期调节技术

该技术获得 2019 年度广东省农业技术推广奖二等奖，入选 2021 年广东省农业主导品种和主推技术。生产中常出现易催花品种施用乙烯利浓度过高导致减产，难催花品种在夏季催花失败，多次催花导致绝收；而自然开花打破生产者种植计划，造成果实集中上市或者提早开花减产减收，严重影响菠萝周年供果。通过促控相结合的产期调节技术，解决了春季菠萝自然成花率高、夏季难催花的问题，真正做到了菠萝生产中"有花可催，催花必开"，实现了菠萝周年供果。

乙烯利催花　　　　　　　　　　　　电石催花

（四十六）荔枝高接换种提质增效技术

该技术入选 2021 年广东省农业主导品种和主推技术，系统评价了 27 个荔枝优良品种与'双肩玉荷包'低值品种的嫁接亲和性并开展了相关机理研究。试验品种涵盖了广东、广西和海南等地品质优良的主栽品种，筛选出'井岗红糯''岭丰糯''冰荔'等 13 个适合'双肩玉荷包'等的高接换代优良品种。创建了荔枝高接新技术，系统比较"大枝嫁接"与"小枝嫁接"两种嫁接方式嫁接后的成活率、枝梢生长状态和树冠恢复时间等异同，明确"大枝嫁接"能有效地解决嫁接亲和性弱的问题，有利于树冠快速形成、提早结果并增加抗风能力。制定了高接换种技术规程，建立核心示范园和采穗圃，为荔枝产业的品种结构调整提供品种资源与嫁接技术，加快了荔枝的品种结构调整和产业升级。

小枝嫁接　　　　　　　　　　　　大枝嫁接

（四十七）澳洲坚果产地初加工关键技术

该技术入选 2021 年广东省农业主导品种和主推技术，在广东省地方龙头企业示范推广以后，澳洲坚果产地初加工能力显著提高 30% 以上；另外澳洲坚果趁鲜加工，大大减少营养功效成分流失，果品品质得到有效提升；研发的适应山地丘陵地带小型设备大幅度降低中小型企业劳力成本 40% 以上，澳洲坚果在产地经过脱皮低温烘干，物流成本也得到了显著降低。实施澳洲坚果产地初加工，能够有效剔除坏果劣果，保证鲜果质量，同时可防止霉烂腐败，便于贮藏和运输。本技术能够显著提高澳洲坚果产地初加工能力，有效减少产后损失，提高坚果产品品质。

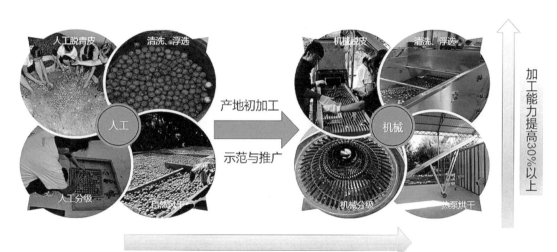

澳洲坚果产地初加工关键技术

（四十八）方便流体菜肴加工技术

多年来，蔬菜滞销事件频发，大规模的蔬菜遗弃和回耕现象，严重打击农民生产积极性，尤其给规模较大的农民合作社和种植大户带来毁灭性打击。通过研发蔬菜脱水技术、蔬菜粉生产技术、基于脱水蔬菜和蔬菜粉的菜肴产香、保香及速溶加工技术，集成方便流体菜肴加工技术，申报发明专利 3 项，已生产出 13 种系列方便流体菜肴产品。产品遇水速溶，成为均匀流体，但保留了蔬菜营养成分，且菜香浓郁、风味宜人，可与方便米饭或面食搭配，解决主食方便化生产难题，市场前景极其广阔。

风味蔬菜速溶粉　　　　　　　　　　　风味蔬菜汤及泡饭

（四十九）热带果蔬产地节能干制技术

针对我国热带果蔬产地干制技术水平落后、机械化程度低、产品质量参差不齐、产值难以提升等一系列问题。对不同果蔬品种特性，首创了固形护色干制方法，集成分段式干燥、微波联合干燥、低温干燥和复合护色剂等系列成套干燥技术，并在高良姜、柠檬、辣椒和菠萝蜜干燥中得到推广应用。该套干制技术获得国家发明专利授权，可有效减少果蔬褐变、降低活性成分的损失、保持天然果蔬的天然口感，同时基于标准化的干制工艺可有效降低加工能耗 15% 以上，并有效解决了传统熏硫、晒干等技术所带来产品质量问题。

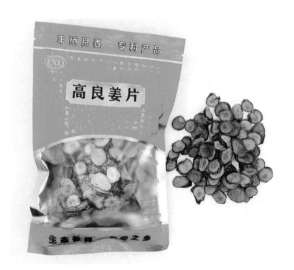

高良姜片　　　　　　　　　　　　　　　柠檬片

（五十）热带果蔬休闲食品干制技术

该技术采用非油炸联合膨化干燥、干法冷压片等干燥技术，制备热带果蔬系列风味休闲食品。其技术生产的休闲食品以最大程度保留水果中维生素等活性成分，使休闲食品口感酥脆、色泽鲜艳、易消化，尤其适用于老人、小孩及消化不良的人群。该技术获得国家发明专利授权。

热带果蔬脆片系列

（五十一）热带果蔬超微改性技术

果蔬加工产品基本上以原料或干制形态为主，且液态饮料加工又丢弃了对人体有利的膳食纤维成分，为了弥补上述问题，开展了热带果蔬超微改性技术研究，该加工技术无损、高效、温和，可有效破坏长链纤维结构，促进不溶性膳食纤维向可溶性转化，果蔬加工副产物向可食化转变。超微改性后粉体可用于开发糕点、饮料、主食添加剂、饲料等系列产品，在拓展热带果蔬产品种类的同时，有效推动了果蔬副产物综合利用的发展。该技术获国家发明专利1项，其产品在福建等地企业推广应用。

竹笋改性前扫描电镜图　　　　竹笋改性后扫描电镜图　　　　竹笋固体饮料

（五十二）沉香整树结香技术

该项技术根据沉香结香机理，在研究沉香有效成分生物合成途径的基础上，研制出一种结香剂（ITBB-001），通过钻孔输液的方式，将结香剂输送到整棵白木香树中，使白木香达到整树结香的效果。与传统的结香方法相比，其结香速度快、产量高、质量好、成本低、效率高，注射结香剂一次即可满足整个结香过程。

结香 1 个月   结香 3 个月

（五十三）基于 WGD−3 配方的澳洲坚果嫁接育苗技术

该技术于 2013 年通过原农业部成果鉴定，获发明专利，入选 2021 年广东省农业主导品种和主推技术。该技术不需要在采穗前需提前进行环割处理，将接穗直接采下后，用 WGD-3 配方药剂进行预处理，比空白对照增加抽发新梢数量 16.7%~40.1%，增加新梢平均长度 10.7 %~84.2 %，嫁接试验成活率达 94.25 %，大规模生产成活率平均达77.60%~98.00%。该技术不需要进行枝条的环割处理，不需要复杂的设施，具有成活率高、操作简便、省时省力、嫁接速度快、抽梢数量多、植株生长迅速，适于澳洲坚果大规模嫁接育苗应用。

基于 WGD−3 配方的澳洲坚果嫁接育苗技术

（五十四）斑兰叶种苗高通量繁育新技术

传统种植以分蘖繁育为主，但对母株的生长年限要求至少两年以上，且分蘖的苗有限，无法满足产业对于高通量种苗繁育的要求。该技术首先通过以母本组织为外植体，在适当的环境下诱导出愈伤组织，并通过大量增殖愈伤组织来替代直接截取母体组织，再将愈伤组织分化出丛生芽，将丛生芽分成多条芽段，最终生根成完整植株。此过程能够由一根母体组织发展出许多个体，极大地激发出斑兰叶组织的繁殖能力。

斑兰叶种苗高通量繁育新技术

（五十五）热带灵芝高效栽培与综合利用技术

该技术以热带农产品废弃物（甘蔗渣等）为原料，采用本所自行设计的控温、控湿环境进行培养，成活率大于99%，灵芝成长速度快，可周年栽培，生产效益高，解决了热带地区灵芝成活率低问题。根据市场需要，可生产餐饮、观赏等不同用途灵芝系列产品。另外，还研发了灵芝先进干燥技术、孢子粉破壁技术和微胶囊化技术，制备了系列新产品。

热带灵芝高效栽培与综合利用技术

（五十六）油梨水肥一体化自动灌溉技术

通过水肥一体化自动灌溉技术，将可溶性固体或液体肥料，按土壤养分含量和作物种类的需肥规律和特点，配制成的肥液与灌溉水一起，通过可控管道系统供水、供肥，使水肥相融后，通过管道和滴头形成滴灌，均匀、定时、定量浸润作物根系发育生长区域，使主要根系土壤始终保持疏松和适宜的含水量；同时根据需肥规律情况进行不同生育期的需求设计，把水分、养分定时定量，按比例直接提供给作物。

滴灌水肥一体化系统首部

复合微生物液体肥

油梨水肥一体化自动灌溉技术

（五十七）热带睡莲种苗大田繁育技术

针对热带睡莲在热带地区全年无休眠很难获得分株苗等问题，该技术通过大田断根—漂浮—断营养的营养胁迫法促进睡莲大苗休眠，然后解除休眠促进分株芽萌发来实现热带种苗的扩繁。主要通过整株拔起、水面漂浮、营养胁迫、叶子黄化，以叶柄脱落、形成休眠球、休眠解除、促生新芽、分株等系列操作过程进行大田繁育，技术可控性强，省工省时省心，方便可行，非常适合大田操作。

正常生长植株
（澳洲变色睡莲）

整株拔出，置于
水面漂浮

胁迫处理中期
植株变小

贮存或出售

5~10℃保存

形成休眠球

打破休眠促芽

促生 2~3 个新芽

分株获得大量无性苗

热带睡莲种苗大田繁育技术

三、新装备

（一）橡丰 4GXJ 型电动胶刀

橡丰 4GXJ 型电动胶刀具有轻便舒适、割胶效果良好、胶水清洁、减损伤树、有利于排胶等特点，主体重量 350 g，新胶工一般经 3~5 天培训即可上岗，熟练操作后，比传统胶刀割胶效率提升 10%~30%，割胶技术难度和胶工劳动强度分别降低 60%、50%，已经批量化生产与应用，该产品有利于缓解我国橡胶产业"用工荒"问题。

橡丰 4GXJ 型电动胶刀

（二）无人病虫害防治飞行器

以自主研发的病害监测手机应用平台、兼治橡胶树多种叶部病害专用药剂保叶清和无人飞行器等核心技术及产品，研发出橡胶树叶部病害航空植保关键技术；基于监测点、始发时间、寄主物候、品种抗性、危害程度等橡胶树病虫草害的监测分析指标，创建了由"专家＋农技人员＋种植户"组成的多级橡胶树病虫草害诊断监测网络，实现对疫情实时监测；有效解决了橡胶树常发"两病"难监测、施药多、用药量大、施药效率低和防治成本高等难题。

无人病虫害防治飞行器

（三）菠萝叶、甘蔗叶粉碎打捆机

传统打捆机只能捡拾打捆，新型粉碎式打捆机用采发明专用的刀片和传送装置，创新性实现田间粉碎、捡拾、打捆一体化，具有粉碎彻底、捡拾率高、打捆紧实、避免二次粉碎导致粉尘污染等优点；突破了传统打捆机作业时存在长纤维甘蔗叶、高纤维高水分菠萝叶缠绕、堵塞、打滑等技术难点，适用于热区特色秸秆如菠萝叶、甘蔗叶、玉米等农作物秸秆的高效粉碎打捆回收。

菠萝叶、甘蔗叶粉碎打捆机

（四）农作物秸秆收获打捆机

该装备创新性采用单销孔三连块搂齿捡拾与壳体固定梯形刀联合、螺旋绞龙与固定开刃锥形喂入拨叉联合的形式，实现切断、粉碎、捡拾、打捆等多项作业一机化，具有成捆率高、宿根破坏率低、无须二次粉碎等优点，工作效率 ≥ 30 亩 / 天，成捆率达99% 以上，适用于鲜草、干草等不同水分的秸秆收集打捆，一机多能、安全可靠且节省人工。

王草打捆机

（五）芒果采后综合保鲜设备

芒果采后 2~3 天就容易腐烂，损耗在 20%~40%。因此，果实容易腐烂成为制约世界芒果产业发展的主要瓶颈。通过科学完善的采后处理及美观大方的包装实现芒果物流保值增值。该成果实现了对芒果热处理保鲜设备的改进和工艺的标准化。经生产线处理的芒果货架期达到 7~10 天，采后发病损耗降低 5% 以内，显著提高芒果果品质量，减少腐烂和延长货架寿命，降低流通损耗。该成果主要作为国内芒果采后处理、东南亚芒果进口中国的必备处理设备。其创新点在于利用安全高效的热处理为主的技术，降低芒果采后损耗，增强芒果的市场竞争力，达到国内领先水平，并荣获海南省科技进步奖三等奖。

芒果采后综合保鲜设备

（六）山地胶园轻简化作业机械

针对天然橡胶主要种植在丘陵山地，传统机械无法进入作业的问题，研发了小型履带式施肥机、小型履带式除草机和背负式山地电动除草机等轻简化作业机械，解决了山地胶园作业机械无法进入作业的问题。小型履带式作业机械采用遥控操作，生产效率 3~4 亩 /h，背负式山地电动除草机一次可用 5~6h，生产效率约 1.3 亩 /h。与人工作业相比，使用轻简化作业机械，生产效率提高 3~4 倍，作业成本下降 30% 以上。主要应用于丘陵山地的胶园、果园等，有良好的应用前景。

小型遥控履带式开沟机

（七）有机肥施肥机

采用双螺旋输出结构，解决了现有机具作业时存在结拱、排肥不均匀、作业质量不稳定等技术难题，集成了开沟、旋耕装置，可一次作业完成施肥、粉碎、旋耕混埋、开沟起垄等功能；有效提高有机肥施用效率，节省成本，为推动国家"两减一增"政策助力。该

有机肥施肥机

机可对粉状、颗粒肥及高水分农家肥等进行高效机械化施肥作业，适用于辣椒、南瓜、甘薯、菠萝等作物的施肥。

（八）菠萝苗施肥移栽一体机

该装备是国内首台集施肥、旋耕、起垄、移栽等功能于一体的半自动化菠萝大苗种植机械。该装备体积小、性能可靠、结构紧凑、操作简单、实用性强，为牵引式田间作业机械，通过旋耕刀将混有肥料的土肥混合物搅拌细化后起垄，然后在垄上进行双行移栽作业，比传统的分步作业、机械起垄、人工移栽，每亩节约成本200元，有助于促进产业品种结构优化和升级，增强产业市场竞争力，实现产业提质增效、农民增收，为推进供给侧结构改革提供了装备支撑。

菠萝苗施肥移栽一体机

（九）高地隙履带自走式菠萝收获机

高地隙履带自走式菠萝收获机

该装备主要采用橡胶履带行走系统，配备98 kW柴油发动机，双翼对称布置果实输送带，6 m³大容积车厢载果5 t，收获幅宽10 m，配备12名工人，每小时采果8 t。该机底盘离地间隙80 cm，作业过程不压果不伤苗，通过性和平衡性好，结构紧凑转弯半径小，输送带可自动收放便于转场作业。

（十）预切种式木薯种植机

该装备主要是采用转盘式多位种穴下种机构，适用于低位开权短种秆的木薯品种机械化宽窄行平种或起垄种植，与机收配套，具有排种、下种、开沟、覆土联合作业功能，株行距稳定性95%，出苗率98%，生产效率4~6亩/h。

预切种式木薯种植机

（十一）全自动木薯联合收获机

该装备主要采用振动减阻挖掘、三级薯土分离、侧方输送机构，适用于木薯机械化宽窄行种植模式收获作业，具有挖掘、松土、分离、装车联合作业功能，作业幅宽140cm、工作效率3~5亩/h，通过联合作业，减少人工捡薯装车环节，提高了生产效率，节省了人力成本。

全自动木薯联合收获机

（十二）小型履带遥控撒肥旋耕起垄一体机

该装备主要由小型履带式遥控拖拉机、撒肥器、旋耕机及起垄器等组成。履带式拖拉机的前端安装有撒肥器，后端连接旋耕机，由拖拉机带动旋耕刀轴旋转完成旋耕作业，旋耕机后面可配套连接起垄器，实现一次性旋耕起垄作业。该机能一次完成撒肥及旋耕翻土作业，施肥均匀性好，地形适宜性较好。

小型履带遥控撒肥旋耕起垄一体机

（十三）多功能甘蔗耕作机

该装备是集旋耕、开沟、开穴、置苗、喷淋水肥、蔗苗培土、甘蔗中耕等一体化工序的联合作业。设计了转盘式取苗装置、鸭嘴式插苗装置、柔性扶苗机构以及隔离可调节式开沟器，通过隔离可调节式开沟器实现种肥分离、开沟宽度和深度可调，使土壤回填深度符合蔗苗移栽农艺要求；结合同步施水肥，保证蔗苗水肥供应，提高蔗苗成活率。通过地轮驱动转盘连续投苗，结合调节链轮速比，可实现 40~70 cm 的株距范围调整，保证了蔗苗株距和密度；结合北斗导航自动驾驶技术，实现蔗苗标准化种植，误差不超过 2.5 cm，开行笔直，行距均匀。经多轮试验测试，其漏栽率低于 5%，直立率高于 90%，栽植合格率高于 90%。

施肥机械化作业现场

（十四）2CLF-1型宿根蔗平茬破垄覆膜联合作业机

该装备配套30~40型轮式拖拉机，轮距适合现有甘蔗种植行距（80~110 cm），可一次完成宿根蔗的平茬、破垄、施肥、覆膜、培土等作业工序。甘蔗头损伤率仅为1.8%，旋耕、覆膜效果好。已在广西、广东、海南等地推广应用。

（十五）1GYF系列甘蔗叶粉碎还田机

该系列机械包括150型、200型等，分别配套动力60~80马力（1马力≈735W）、90~120马力轮式拖拉机，整机质量分别65 kg、750 kg，生产率分别大于3亩/h、5亩/h，粉碎率为85%，捡拾率为95%，作业成本约30元/亩。

2CLF-1型宿根蔗平茬破垄覆膜
联合作业机

1GYF系列甘蔗叶粉碎还田机

（十六）1SG-230型深松旋耕联合作业机

该装备为一种保护性耕作机具，配套100~140马力轮式拖拉机，整机质量750 kg，生产率大于5亩/h，深松深度30~45 cm，旋耕深度10~20 cm。深松、旋耕一次完成，作业成本低，效率高。产品获国家实用新型专利1项。该装备已在广东、海南等地区农场推广应用。

1SG-230 型深松旋耕联合作业机

（十七）全自动干胶含量测定仪

该装备与国内外干胶含量测定仪最大的优势是能够快速、准确地显示被测胶乳的干胶含量，解决以往干胶仪测量需要人工查表的烦琐过程；仪器采用计算机自动进行修正，测量误差小、稳定性好，实际单次测量时间为 2~5 s，每小时可综合测定样品数量为 120~150 个；仪器采用自动进样器，将胶乳均匀地运送到测量管，最大限度减少了手工操作所引起的误差。

全自动干胶含量测定仪

（十八）腰果加工生产装备

该装备集分级、去石、蒸煮、脱皮、脱壳等一体化工序联合加工生产。将腰果仁脱皮率由原来的 60% 提高到 80% 以上，产品的品质得到了大幅提升；初步实现全自动腰果破壳机的国产化，实现腰果破壳率由原来的 45% 提高到 70% 以上，有效解放劳动力，节约生产成本。

腰果破壳 - 破皮 - 脱皮一体机

四、新产品

（一）咖啡系列产品

1. 兴隆咖啡豆

'兴科'兴隆咖啡豆主要原料来源于海南万宁兴隆地区种植的'罗布斯'塔咖啡豆（中粒种咖啡），经过严格筛选，采用成熟颗粒饱满的咖啡果，多重工艺流程制备咖啡生豆，确保了咖啡天然的香气和味道，经中深度焙炒后，使咖啡豆的酸、甜、苦味达到了较好的平衡点，苦而不酸，使其具有浓郁的巧克力香味，口感更顺滑，确保了咖啡的醇香度与多层次口感。

2. 兴隆咖啡粉

'兴科'兴隆咖啡粉主要原料是'罗布斯'塔咖啡豆（中粒种咖啡），经过严格筛选，沿用了东南亚传统焙炒工艺和配方，依次加入适量的食用盐、奶油、优质白砂糖等配料，使兴隆咖啡的色泽、香气、口感上都独具特色，呈现出浓郁的焦糖香味和奶香味，口感更顺滑，确保了咖啡的醇香度与较好的口感。

3. 速溶咖啡（普莱赞三合一即溶咖啡）

'兴科'普莱赞速溶咖啡，选用本地'罗布斯塔'咖啡豆（中粒种咖啡），经中深度焙炒后呈现出焦糖般香味及特别的奶油香气，使用超微研磨技术，有效还原咖啡本身的多层次口感和咖啡的自然香，先进的加工工艺把微米级的咖啡原豆粉添加到速溶咖啡粉中，溶解性好，喝起来能感受到现磨般的香醇感，不太甜，更香浓。独立小包装，使用方便，随时随地可享受一杯咖啡。

兴隆咖啡豆　　　　　　　　　　兴隆咖啡粉　　　　　　　　　　速溶咖啡

165

可可椰奶

可可咖啡

风味巧克力

白胡椒

（二）可可系列产品

1.可可椰奶

'兴科'可可椰奶以海南可可和椰子粉为主要原料，经科学配方精制而成，粉质细腻，即冲即饮，椰子的清甜香醇，可可的浓郁巧克力味，让可可椰奶散发着诱人的独特风味，香醇滑口，独立小袋包装，方便卫生，随手而泡，随心而饮，好喝不太甜，回味绵长，是老少皆宜的饮品。

2.可可咖啡

'兴科'可可咖啡采用原香咖啡粉和原豆细磨可可粉经科学配方精制而成，让可可咖啡中回荡着咖啡迷人的焦苦之感，醇香的可可粉，又让可可咖啡中散发着诱人的浓浓巧克力香，像咖啡有了灵魂，可可有了伴侣，顺滑与微苦，在咖啡迷人的焦苦之感中带着浓浓的巧克力香，滋味更香醇，便捷的包装，让冲饮更方便。

3.风味巧克力

'兴科'风味巧克力是以可可豆为主要原料，搭配优质牛奶、香草兰、咖啡、椰子和斑斓等辅料精心研制而成，具有香浓丝滑、入口即化等特点，无论从形状、颜色、口感等都妙不可言，是居家旅行、老少皆宜的美味佳品。

（三）胡椒系列产品

1.白胡椒

'兴科'白胡椒是选用本地自产的成熟胡椒鲜果，采摘后经浸泡、机械脱皮与洗涤、干燥、筛选、分级、包装等现代加工工艺制作而成，白胡椒气味芳香、辛辣浓郁，有去腥、提味作用，适宜煲汤炖肉，是食品烹调不可缺少的调味品。

2.青胡椒

'兴科'青胡椒采用生长饱满，果皮仍为青绿色的鲜果，经挑选、清洗、高温灭酶、快速干燥等工艺制作而成。青胡椒须当天采摘当天加工，较好保留了胡椒原有的色泽和有效成分，胡椒油含量高、味道柔和、风味清新，更适合做沙拉、铁板类菜肴；一般在高档餐厅才会使用青胡椒烹饪，以达到精制特色佳肴。

3.冻干胡椒

'兴科'冻干胡椒选用自产胡椒鲜果，采用真空冷冻干燥技术精制而成。产品较好地保留了胡椒鲜果中营养成分和活性物质，胡椒油、胡椒碱含量高，气味芳香、辛辣适度，是食品烹调不可缺少的调味品。瓶身设计自带研磨器，使用时更方便，还可重复使用。

4.胡椒香水

'兴科'胡椒香水将从胡椒中提取的香味成分添加到所制的香水中，其产品具有独特的清香味、自然甜美、神秘，能快速与人体香味融为一体，散发出沁人心脾的香气。

青胡椒　　　　　　　冻干胡椒　　　　　　　胡椒香水

（四）花椒系列产品

1.花椒沐浴露

该产品富含丰富的花椒精华，具有良好的祛湿、温中、杀菌的功效，在沐浴过程中，可以柔和清除油污，防止毛囊阻塞，舒缓干燥不适的皮肤，增强肌肤活力，花椒精油能有效清除身体表面的致病菌，同时对于体内湿重的人，具有祛湿健脾的功效，还具有舒筋活络、消除肩颈肌肉酸痛和缓解神经紧张的功效。

花椒沐浴露

花椒洗发水

花椒手工皂

花椒洗手液

花椒手霜

2. 花椒洗发水

该产品蕴含花椒精油，能快速去除头皮污渍，滋养发根，补充头皮营养，由内而外为发丝提供养分支持，达到强根健发的功效。同时花椒精油的杀菌和镇静功效可有效治疗头皮痒痛，保持头发清爽。此外，花椒精油还可以进入皮下，刺激神经，达到调节身心的作用。

3. 花椒手工皂

该产品富含丰富的花椒精油，可有效去除皮肤表面的有害病菌，抑制霉菌的生长，对金黄色葡萄球菌、大肠杆菌、变形杆菌等均有较好的抗菌作用，同时花椒精油具有在皮肤上长效保留的特性，能对人体起到长效保护的作用。

4. 花椒洗手液

该产品具有良好的杀菌功效和温和、安全的清洁能力，使得花椒洗手液能具备比普通洗手液更好的功效，花椒精油良好的吸收能力，可以达到长效除菌的效果。对于婴儿或儿童来说，花椒洗手液安全、高效的除菌清洁功效是不错的选择。

5. 花椒手霜

该产品具有皮肤渗透性好，能有效锁住皮肤水分的特性，花椒精油能通过亲和作用进入皮下组织，又经体液交换进入血液和淋巴，刺激皮肤血液循环，加快人体新陈代谢，刺激皮肤再生，防止皮肤干燥，使肌肤润白细嫩。同时由于花椒精油的排毒和抗菌功效，花椒手霜能有效促进人体毒素排出，同时抑制有害病菌的滋生。

（五）香草兰系列产品

1. 香草兰绿茶

'兴科'香草兰绿茶选用优质绿茶为主要原料，利用茶叶的吸附性能，结合"食品香料之王"香草兰的有效成分，经科学的制茶和配香工艺加工，使二者的香气、功效有机结合，形成独特的风味和口感，有香草兰独特香气，且汤色明亮，清甜纯正，滋味浓醇，清爽回甘，茶味在先，随后甘甜，别有韵味。

香草兰绿茶

2. 香草兰红茶

'兴科'香草兰红茶采用优质红茶与"食品香料之王"香草兰为原料，利用茶叶的吸附性能，提取香草兰的有效芳香成分，经科学的制茶和配香工艺加工，使二者的香气、味道结合到一起，形成独特的风味和口感，色泽均匀，茶汤红艳明亮，叶底红亮，滋味浓强、鲜爽回甘。

香草兰红茶

3. 香草兰苦丁茶

'兴科'香草兰苦丁茶以冬青科苦丁茶之叶芽为原料，采用科学赋香、物理固香等技术，在适宜温度、湿度条件下，使"食品香料之王"香草兰的独特香气与苦丁茶完美融合，不仅增加了产品香气，而且有效地降低苦丁茶的大寒及苦味，茶汤通透明亮，叶底光滑柔嫩，香韵独特，饮用苦后回甘明显。

香草兰苦丁茶

4. 香草兰酒

'兴科'香草兰酒是以精选的麦芽、小麦等谷物为原料酿制酒基，配合香草兰豆荚香气之精华，经独特工艺精心调和、橡木陈贮而成。酒体金红饱满，香气协调；入口干烈，醇厚爽口。

5. 香草兰香水

香草兰香水是以萃取香草兰的天然精华，用独创的香薰技术，开发出清香型、浓香型香草兰香水，具有香气优雅、自然清新、沁人心扉、留香持久等特点，充满了诱人的魅力。

香草兰酒

香草兰浓香型香水

（六）澳洲坚果系列产品

1. 澳洲坚果

澳洲坚果，又称夏威夷果，果仁富含大量单不饱和脂肪酸、维生素 E 和多种矿物质以及人体必需的 8 种氨基酸，长期食用可预防心血管疾病，有调节血脂和益智作用。本产品精心焙烤，香脆可口、风味独特，无添加任何防腐剂。

2. 澳洲坚果油

该产品采用冷榨工艺榨取，100% 纯天然植物油。风味独特，含有 85% 的单不饱和脂肪酸且不含有胆固醇，富含维生素 B_1、维生素 B_2 和矿质营养，可作为理想的沙拉调味品及食物烹调品，长期食用可降低血液胆固醇含量，预防冠状动脉疾病等功效。此外，澳洲坚果油含有丰富的棕榈油酸，易被干性皮肤吸收且不留油渍，可用作润肤膏，对皮肤具有抗衰老功效。

坚果系列产品

澳洲坚果油

3. 澳洲坚果爽肤水

该产品采用冷榨工艺榨取澳洲坚果仁油，辅以坚果青皮提取物研制出的澳洲坚果爽肤水，因其富含不饱和脂肪酸、生育三烯酚、多酚等多种活性成分，同时还具有保湿补水、易吸收、修复皮肤、抗衰老等功效，有效预防及治疗秋冬季手部粗糙干裂，使皮肤更加细嫩滋润，长期使用能有效淡化皮肤细纹，延缓衰老。

4. 澳洲坚果油润唇膏

该产品由澳洲坚果油、各种天然植物油、天然蜡质、食用色素制成，制成的口红滋润性、渗透性良好，对唇部皮肤有保湿、柔软及防晒的作用。

5. 澳洲坚果油面膜

该产品加入澳洲坚果油、优良的保湿剂、润肤剂等，具有极佳的晒后修复、保湿美白作用。

澳洲坚果爽肤水

澳洲坚果油润唇膏

澳洲坚果油面膜

（七）艾纳香系列产品

1. 艾纳香牙膏

该产品以艾纳香提取物为主要原料，以医药理论与应用为基础，充分挖掘艾纳香的功能与作用，借鉴国际上先进的口腔护理技术研制而成，其内含艾纳香活性因子，清新口气，去除牙渍，可缓解口腔溃疡、抑菌消炎，减轻口腔异味，滋养受损细胞，呵护口腔黏膜，预防细菌滋生。经常使用可以远离口腔问题，是日常口腔护理佳品。

艾纳香牙膏

2. 艾纳香美体手工皂

该产品是纯天然手工冷制皂，特别添加艾纳香的纯植物提取物，可有效去除和抑制可能引起皮肤感染和汗臭的细菌，解除皮肤瘙痒的困扰，再配上乳木果油、甜杏仁油等多种天然植物油脂，能温和清洁肌肤，洗去集聚的污垢及多余油脂，令肌肤清爽、水润。含有洋甘菊粉等植物提取物，非常适合改善和修复容易敏感的肌肤，可提亮肤色，紧致肌肤。

3. 艾纳香女性护理手工皂

该产品选取多种天然植物油脂以黄金比例搭配，不同于普通肥皂及沐浴露，其温和配方专为女性设计，在保持自然酸碱平衡基础上清洁皮肤，温和除味。添加的艾纳香提取物具有抑菌止痒、修复护理功效，与玫瑰果油和月见草油的完美结合，可以深层清洁、滋润肌肤，使肌肤柔软、湿润。特别添加茶树精油、薄荷精油可去除异味，还原肌肤清爽健康的状态，可使肌肤细腻光滑，清新自然。

4. 艾纳香婴幼儿洗衣手工皂

该产品专为婴幼儿贴身衣物特性设计，采用中性配方多种植物精华，富含茶树精油与椰子油洁净成分，安全有效清除衣物上的污迹，减少因残留引起的皮肤不适，特别添加艾纳香提取物抗菌成分，温和去除衣物纤维中的大肠杆菌和金色葡萄球菌，温和清洁不伤手。

  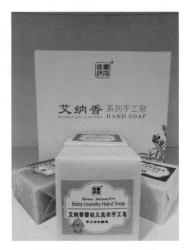

| 艾纳香美体手工皂 | 艾纳香女性护理手工皂 | 艾纳香婴幼儿洗衣手工皂 |

5. 鲜萃舒缓亮肤洁面泡沫

该产品以艾纳香提取物为主要功效成分，配合氨基酸表活配方净化肌肤杂质，在温和不刺激的前提下强力清洁肌肤残余化妆品以及油脂，清洁结束后肌肤清爽舒适，不干燥、不假滑。再加上六大营养成分：艾纳香油、人参、苦参、马齿苋、银耳、光果甘草，可以有效调节水油平衡、净化毛孔、细腻肌肤，还可以达到舒缓、镇静面部肌肤的效果。

鲜萃舒缓亮肤洁面组合

6.鲜萃舒缓亮肤露

该产品以艾纳香蒸馏冷凝水溶液与艾纳香油为主要功效成分，搭配人参、苦参等药用植物因子，拥有分量十足的植物水溶性物质，锁住肌肤表面水分，透明质酸加倍湿润调节水油平衡，植物因子直达肌底。质地如水般流动性强，上脸清爽好吸收，尤其适用于干性皮肤。

7.鲜萃舒缓亮肤面膜

该产品的功效主要是祛斑、抗辐射和修复晒伤肌肤，蕴含的艾纳香油不仅可以抵抗中波紫外线辐射，还可以修复晒伤肌肤，让肌肤避免因晒伤出现暗沉和色斑，同时采用透薄柔软的膜布，满载艾纳香等焕亮植物精华，微压吸收，浸润间修护焕新，令肌肤细嫩透亮。

鲜萃舒缓亮肤露

鲜萃舒缓亮肤面膜

（八）高良姜系列产品

1. 高品质高良姜速溶茶

高品质高良姜速溶茶

该产品采用自主研发的温控萃取浓缩工艺，结合低温喷雾干燥技术，形成高良姜速溶茶独特的持香保辣工艺，使高良姜中醇溶性活性成分得到有效保留，且能在沸水中快速溶解分散，高良姜香辣风味浓郁，长期饮用具有止呕、暖胃、提高免疫力等显著功效。与传统速溶茶工艺相比，持香保辣工艺技术有效解决了传统煎煮工艺导致醇溶性活性成分流失和芳香成分逸失的问题，最大限度保留了高良姜的风味物质和活性成分，并通过精确控制添加量实现速溶茶品质的均一稳定。

2. 高纯度高良姜精油

高纯度高良姜精油

该产品采用具有自主知识产权的提取纯化和品质控制工艺，最大限度浓缩了其中有效成分，并通过对原料、工艺的精确控制使批次间的差异最小化，保证了产品质量的稳定性，该技术制得精油纯度高、香味浓郁，其主要成分1,8-桉叶素等含氧单萜类物质，具有抗氧化、抗肿瘤、抗凝血、抗炎、抗菌等生理功能，在食品、日化、农业和医药等领域中具有广阔的应用前景。

3. 高良姜干燥片

高良姜干燥片

该产品采用具有自主知识产权的固形护色干燥技术，能够大幅降低高良姜干制品皱缩率，使其表面棕红，质地坚硬，而且使高良姜活性成分在干燥过程中得到有效保留，干制品贮藏期可长达 12 个月，产品品质符合二等以上品质标准。工艺简单，成本低廉，适合大规模推广，有效解决了传统自然晾晒和熏硫技术所带来产品质量问题，对高品质高良姜干工业化生产和出口创汇有重要推动作用。

4.高良姜咀嚼片

该产品采用极性提取分离技术富集高良姜中活性成分，与丁香等传统药食两用资源科学复配压制而成，结合活性包埋技术使有效物质在目标位置缓慢释放，避免高良姜素、黄酮类活性物质在消化过程中的氧化分解，本品携带方便，可咀嚼可吞咽，不但具有温胃、养胃之功效，而且对幽门螺旋杆菌引起的十二指肠溃疡、胃溃疡、胃炎等具有一定的疗效。

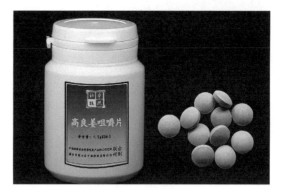

高良姜咀嚼片

5.高良姜护肤霜

该产品以高良姜精油和黄酮类分离部位为主要功效成分，运用纳米技术和包埋技术制备而成，可有效避免精油的快速挥发，促进精油成分在皮肤表面缓慢释放持续发挥作用，同时搭配维生素 E 和自主知识产权的纳米纤维素，可发挥抑菌、抗氧化、清除自由基、保湿、促进血液循环、改善皮肤微环境等综合功效，在一定程度上可起到消炎、止痛、消肿化瘀等作用，适用于蚊虫叮咬和微生物感染引起的皮肤肿痛症状。

高良姜护肤霜

6.黎草妇康抑菌洗液

该产品是以海南特色黎药高良姜为主要原料，配伍裸花紫珠、肉桂、降香等为臣药，严格按照国家标准《一次性使用卫生用品卫生标准》的要求，科学研制、规范生产，同时通过卫生部门的安全性评价，确保了洗液的有效性和安全性；主要用于妇女金黄色葡萄球菌、大肠杆菌和白色念珠菌类阴道炎症的防治。

黎草妇康抑菌洗液

沉香精油 GC/MS 图谱

沉香叶速溶茶

沉香灵芝茶

沉香叶茶

（九）海南名香精油系列产品

1. 沉香精油

该产品是由沉香木经过萃取精炼而成，是沉香的精华所在，富含苄基丙酮、沉香螺旋醇、白木香醛、愈创木醇及大量的色酮，对人体有着多重功效，例如舒缓压力、安眠抗郁、调理身心和促进身体新陈代谢等。是制造高级香水、化妆品的重要原料，也可以闻香、香薰、浸浴、按摩、内服使用。

2. 沉香叶速溶茶

该产品采用自主研发的温控萃取浓缩结合低温薄膜干燥工艺，最大限度保留了沉香叶中的有效成分，并辅以牛大力、菊花、甘草等辅料制备得到沉香叶速溶茶。此茶具有补虚润肺、止咳、美容养颜、助睡眠，清热排毒、降低血脂血糖等多种保健功效，同时对腰肌劳损、风湿性关节炎也有一定的好处，有效提高了沉香叶的附加值。

3. 沉香灵芝茶

该产品以沉香为主要原料，科学配伍灵芝、甘草等，经现代工艺精制成袋泡茶。茶汤呈金黄色，保留了沉香高雅香味和灵芝的养生效果；口感温润软滑，回味甘甜。具有健脑安神、改善睡眠、补中益气、防癌抗癌、提高免疫、保肝护肝、延缓衰老等功效。

4. 沉香叶茶

该产品由海南沉香叶、"东方神果"之称的罗汉果为主要原料，经现代科学工艺调配而成的饮用方便的袋泡茶。温润软滑，苦尽甘来，具有通经脉、安神、健胃利脾、助睡眠、排毒、养颜、降血糖、降脂、益肝抗癌等保健功效。目前已获国家发明专利。

5. 沉香面膜

该产品采用先进破壁萃取技术、恒温保香技术等提取沉香纯露，并在天丝基布中添加具有自主知识产权的液态均相纳米化技术制备的天然纳米纤维素，研发出具有高效保湿功能，可长时间锁住水分，达到皮肤提升紧致、润透亮滑作用的沉香面膜。

6. 降真香精油

该产品是由降真香经过萃取精炼而成，所得精油品质高，香味纯正，香气透发，留香持久，富含榄香素、美迪紫檀素等倍半萜和色酮类化合物，具有舒缓心情、降低血压等功效。与传统有机溶剂提取和蒸馏提取法提取相比，其精油绿色安全、无溶剂残留，全程低温保证了精油的香味及活性物质的稳定。

7. 黄花梨精油

该产品取自花梨木的心材，是花梨木的精华所在，黄花梨精油采用独家研发的分离提取技术浓缩有效组分而得，纯自然的精华，纯度高，品质纯正，天然安全。可促进皮肤组织再生，增强皮肤弹性，祛皱美白，缓解咳嗽和感冒，治疗哮喘，预防鼻窦炎，缓解头痛和神经紧张，治疗支气管疾病的功效。

沉香面膜　　　　　　　　降真香精油　　　　　　　　黄花梨精油

（十）辣木系列产品

辣木是多年生热带落叶乔木，枝叶富含微量元素、维生素和膳食纤维，属罕见的高营养食品资源，被誉为"奇迹之树"。中国热带农业科学院经过多年攻关，充分挖掘利用辣木营养价值与功效特性，研发出了辣木精粹、辣木养生茶、辣木压片、辣木叶酒、辣木发酵菜、辣木饼干、辣木面膜等系列产品及其工程化生产技术，申报国家发明专利11项。

辣木系列产品

（十一）益智系列产品

益智为著名的四大南药之一，是药食同源植物，具有暖肾固精缩尿、温脾止泻的功效。用于肾虚遗尿、小便频数、遗精白浊、脾寒泄泻、腹中冷痛、口多唾涎。可用于饮食配料、煲汤、泡酒、泡茶等。中国热带农业科学院热带生物技术研究所经过多年攻关，充分挖掘利用益智营养价值与功效特性，研发出了益智鱼益智酒、香辣酱、益智皂等系列产品。

益智果

益智粉

1. 益智酒

该产品以庐州老窖泸醇（6龄窖）为酒基，益智为主药，佐使以仙茅和淮山药，三药合力，具有补肾固涩、缩泉止遗的功效。

2. 益参酒

该产品以"南方虫草"之称的益智，配伍"百草之王"的人参为主要原料，通过黎家秘方精心配制枸杞和甘草等药食同源的中药，经现代科技精制而成，具有补肾益气的保健功效。

益智酒 　　　　　　　　　　　　　　　　　　　益参酒

3. 益智香辣酱

该产品采用益智为主料，选用花生、芝麻、辣椒等为佐料研制而成，风味独特，是餐桌饮食的最佳伙伴。

4. 益智鱼香辣酱

该产品采用益智为主料，选用海鱼、花生、芝麻、辣椒等为佐料研制而成，风味独特，是餐桌饮食的最佳伙伴。

益智香辣酱 　　　　　　　　　　　　　　　　益智鱼香辣酱

5. 益智虾香辣酱

该产品采用益智为主料，选用海虾、花生、芝麻、辣椒等为佐料研制而成，风味独特，是餐桌饮食的最佳伙伴。

6.益智豆瓣酱

该产品采用益智为主料，选用黄豆为佐料研制而成，风味独特，是餐桌饮食的最佳伙伴。

益智虾香辣酱

益智豆瓣酱

7.益智黄豆酱

该产品采用益智为主料，选用黄豆为佐料研制而成，风味独特，是餐桌饮食的最佳伙伴。

8.益智伸筋草驱寒舒筋皂

该产品蕴含丰富益智粉和伸筋草粉，具有促进表皮新陈代谢、红润肌肤、滋养肌肤、修护受损肌肤、减少细纹等多重功效，是保持润透容颜的常备佳品。

益智黄豆酱

益智伸筋草驱寒舒筋皂

（十二）桑系列产品

1.桑叶曲奇饼

桑叶富含人体所需的氨基酸、维生素、纤维素、脂肪酸，以及 Ca、P、Fe、Mn、Na 等矿物质、微量元素，还有多酚类、黄酮类等功能成分。该产品以桑叶粉作为特色配料，通过优化产品配方制作桑叶曲奇饼，其产品感官好，呈均匀的淡黄绿色、外形完整不变形、结构细密、口感酥松爽口，并带有桑叶特有的清香味，具有一定的营养价值和保健价值。

2. 桑果起泡果饮

该产品采用桑果发酵，气泡细腻且持续时间较长。果香浓郁，酸甜适口，酒体透明、呈紫红色，具有水果本身的气息和风味，且含有丰富的花青素、维生素 C 等生物活性物质。冷藏口感更佳。

桑叶曲奇饼

桑果起泡果饮

（十三）菠萝精深加工系列产品

菠萝是我国重要的热带水果资源，其果实品质优良，营养丰富，含有大量的果糖、葡萄糖、维生素 B、维生素 C、柠檬酸和蛋白酶等物质。中国热带农业科学院经过长期攻

菠萝精深加工系列产品

关，在菠萝加工方面突破了菠萝蛋白酶提取利用、菠萝果酒 / 醋发酵技术等方面取得了重要突破，研发了高活性菠萝蛋白酶、菠萝黄酒、菠萝果醋、菠萝酵素酸奶、菠萝汁发酵饮料、菠萝皮渣饲料6款产品，并在相关企业转化应用。

（十四）牛大力系列产品

1. 牛大力干燥薯片（干燥根片）

该产品精选海南岛天然野生牛大力薯和牛大力根，经切片、干燥、分级特制而成，不添加任何防腐剂。牛大力具有补虚润肺、强筋活络的功效。用于治疗腰肌劳损、风湿性关节炎、治肺热、肺虚咳嗽、肺结核、慢性支气管炎、慢性肝炎等病症。还可用于煲汤或泡酒。

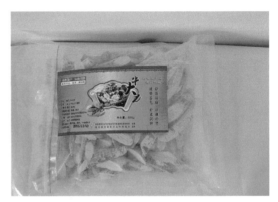

牛大力干燥薯片 　　　　　　　　　　　　牛大力干燥根片

2. 牛大力花茶

该产品精选海南岛产牛大力花，经分级、挑选、干燥精制而成，不添加任何辅料。绿色环保，茶清甘甜，具有清肝泻火、解毒明目、降脂、保肝强肾等营养保健功能，服用方便。制备方法简单，成本低。

牛大力花茶

3. 牛大力速溶茶

该产品采用牛大力、麦冬、菊花、糖粉和麦芽糊精配制而成。该茶可溶性和口感极好，无任何副作用，具有抗衰老、抗疲劳、补虚润肺、清火明目、降脂、保肝强肾、增强人体耐力与机体免疫力等营养保健功能。

牛大力速溶茶

4. 牛大力保健胶囊

该产品以牛大力干膏粉为主，辅以玉米淀粉制备而成，具有补虚润肺、强筋壮骨、缓解风湿骨痛、腰肌劳损的保健功效，并且服用方便，有效成分生物利用率高，稳定性好。制备方法简单，成本低。

5. 牛大力酒（42 度）

该产品以庐州老窖泸醇（6 龄窖）为酒基，牛大力为主药，佐使以千斤拔、五指毛桃和五味子，四药合力，有攻养肾补虚、强筋活络、平肝润肺、祛风除湿之功效。

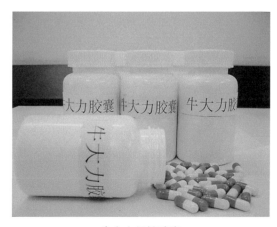

牛大力保健胶囊　　　　　　　　　牛大力酒（42 度）

（十五）巴戟天酒

该产品以庐州老窖泸醇（6龄窖）为酒基，巴戟天（具有补肾阳、壮筋骨）为主药，佐使菟丝子（能补肾固精），二药制酒，药力大增，共攻补肾阳、强筋骨、祛风湿之功效。适用于肾阳亏虚所致的腰膝酸冷、阳痿不举、宫冷不孕、月经不调、小腹冷痛、风湿痹痛、筋骨痿软、小便频数、夜尿多、头晕等症。

巴戟天酒

（十六）灵芝系列产品

1. 野生灵芝原粉胶囊

该产品精选海南岛天然野生上等灵芝经超微粉碎特制而成，不添加任何辅料。临床研究证明，灵芝对肿瘤、心血管系统疾病、神经衰弱、失眠、慢性支气管炎、哮喘病、肝炎、肝硬化等病症的辅助治疗均有不同程度的效果。

2. 超微野生灵芝粉

该产品精选海南野生灵芝（黑竹灵芝、紫灵芝、青灵芝）为原料，采用现代工艺超微粉碎精制而成，对病后体虚、脱发、须发早白、神经衰弱等多种疾病有辅助作用。

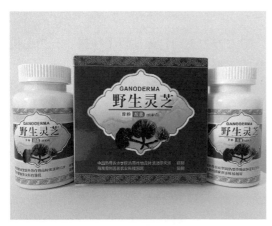

野生灵芝原粉胶囊

超微野生灵芝粉

（十七）茶树精油系列产品

1. 茶树精油

茶树精油是从互叶白千层的枝叶中提取精制的、以萜烯化合物为主的纯天然植物提取物产品，具有广谱抗菌、消炎功效，低副作用。中国热带农业科学院农产品加工研究所自主研发的茶树精油提取纯化技术，开发了茶树精油、茶树精油天丝面膜、茶树油液体创伤贴等多款产品。

2. 茶树精油天丝面膜

该产品是运用现代生物科技将天然茶树精油的精华成分进行萃取，融合特殊纤维素基布保水技术与肌肤护理技术研制而成，实现传统工艺与现代科技的完美结合，具有天然健康、安全有效、滋养肌肤、补水保湿、平衡肤色等优点。持续使用可令肌肤水嫩柔软，细腻光滑，弹力十足。

茶树精油

茶树精油天丝面膜

3. 茶树油液体创伤贴

该产品是针对传统创伤贴防水性能弱、贴合性能差等问题，通过添加自主提取的茶树精油，并结合成膜缓控技术，成功研发的茶树精油液体创伤贴，具有消炎、杀菌、有效防止伤疤形成、成膜速度快、精油纯度高、使用方便、携带方便等特点。

茶树油液体创伤贴

4. 茶树纯露系列漱口水

该系列产品采用具有自主知识产权的提取纯化和品质控制技术得到茶树精油纯露，再通过自主研发的精油纯露自微乳化工艺，形成长效稳定缓释微乳，并通过科学配比添加其他口腔保健功能性精华成分，形成系列漱口水产品，具有天然健康、安全有效、消炎杀菌的作用，有利于口腔卫生保健。

茶树精油纯露各种精华风味漱口水

（十八）火龙果系列产品

1. 火龙果果酒

该产品采用优级火龙果冷榨工艺取汁，特定酵母进行低温发酵，陈酿后获得醇厚丰满、果香馥郁的产品。本技术保留了红心火龙果本身独特的色泽和营养因子，有效解决了传统工艺中产酒率低、颜色容易氧化及品质不稳定等所带来的产品质量问题。

火龙果果酒

2. 火龙果系列果茶

针对火龙果色素不稳定易褐变的特性，采用低温提取干燥技术，开发出系列火龙果果茶产品，包括富含维生素、矿物质、火龙果风味浓郁的原味果茶，与玫瑰茄复配增强降脂减肥效果的纤体果茶，与红茶复配增强消化功能的火龙果红茶，与百香果复配增强美容养颜、滋补强身功能的百香果茶。同时根据火龙果花明目、降压、止咳清火的功效，与菊花复配，结合天然调味技术开发出火龙果花茶。系列果茶产品，色泽鲜亮、风味独特、功效突出、方便携带，适宜于白领等快速消费群体。

| 原味 | 花茶 | 纤体茶 | 红茶 | 百香果茶 |

火龙果系列果茶

3. 火龙果果粉

该产品采用连续化冷加工技术制备火龙果果粉，解决了传统热喷雾干燥技术容易使果品功能组分失活、产品风味损失大、色泽褐变严重等问题。产品可以根据用途不同，添加不同工艺以达到速溶、冷溶、不溶等效果。可以用于蛋糕、甜点、冰激凌、糖果、保健品、化妆品、果冻等食品或化工行业。

4. 火龙果茎系列产品

该系列产品主要通过特殊工艺从火龙果茎提取维生素 E 和植物甾醇等有效凝胶成分，根据不同人群使用需求，搭配特殊功能配方，开发出茎提物凝胶面膜、化妆水、乳液、霜、洗手液、沐浴露、洗发露等系列产品。系列产品安全无毒、绿色健康、安全有效。

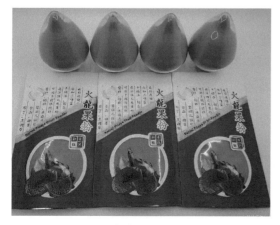

火龙果果粉

火龙果茎系列产品

椰子油

椰花汁酒

椰子活力爽肤水、保湿乳

木瓜椰油膏

（十九）椰子系列产品

1. 椰子油

该产品以低温萃取技术从新鲜椰肉中获得的 100% 纯天然椰子油（VCO），具有浓郁的椰子香气。VCO 中短链脂肪酸（C8~C12）高达 59.89%，其中月桂酸 47.36%；另外含有甾醇 420 mg/kg、维生素 E 89.8 mg/kg、总酚 18 mg/100 g。具有显著的抗氧化和抑菌作用，同时还有快速消化提供能量、不增加脂肪、提高人体免疫力等保健功效，可以作为食用油、保健品食用，也可作为护肤品、防晒品、洗发剂等用途使用。

2. 椰花汁酒

该产品以椰子花序汁液为原料，利用生物科技手段，经发酵、蒸馏、调配和陈化等过程生产出的一种具有浓郁的椰子清香味的白酒。富含多糖、多酚、维生素 C 和维生素 B 等功能性成分，具有增强人体免疫能力、抗癌以及减少人体内自由基的产生等多种功效。

3. 椰子活力爽肤水、保湿乳

该产品富含天然保湿因子，具有极强的保水能力，在皮肤表面形成锁水膜，提升肌肤娇嫩感；蕴含椰子营养精华，深润肌底，让肌肤保持水润细嫩的青春活力。

4. 木瓜椰油膏

该产品以初榨椰子油为基底，添加木瓜提取物，具有保湿、润肤、防皱、杀菌、止痒、消肿等功效，还可用于户外蚊虫叮咬后的简单护理。

（二十）姜黄系列产品

1. 姜黄粉

据《中药大辞典》记载，姜黄具有破血、

行气、通经、止痛的功效。该产品可用于治疗胸胁刺痛、胸痹心痛、痛经经闭、风湿肩臂疼痛、跌扑肿痛。亦可用作调味品食用。

2. 姜黄胶囊

该产品可用于治疗心腹痞满胀痛、臂痛、症瘕、妇女血瘀经闭、产后瘀停腹痛、跌扑损伤、痈肿等。

3. 姜黄生姜散寒精油皂

该产品蕴含丰富纯净姜黄粉和生姜精油，抑制皮脂过度分泌，去除油光，修护受损肌肤，光洁肌肤，长期使用能保持面部清爽、净滑。

 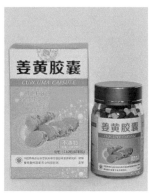 

姜黄粉　　　　　　　　　姜黄胶囊　　　　　　　　姜黄生姜散寒精油皂

（二十一）忧遁草系列产品

1. 忧遁草茶

忧遁草（鳄嘴花）具有清热解毒、散瘀消肿、防癌抗癌、解酒等作用。传统上用于治疗肾炎、肾萎缩、肾衰竭、肾结石，是肾脏病人的救星，也可以治疗喉咙肿痛、肝炎、黄疸、皮肤病、高血压、高血脂、胃炎、风湿痹痛，以及对多种癌症有较好的效果。

忧遁草茶

2. 忧遁因子浓缩酵素汁

该产品采用忧遁草配以沉香叶、桑叶、山楂、诺丽果、黄姜（姜黄）、生姜等14味药食同源植物，可辅助治疗肾炎、肾结石、喉咙肿痛、肝炎、黄疸、高血压、高血脂、胃炎、风湿痹痛。

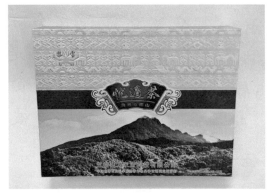 

忧遁茶   忧遁因子浓缩酵素汁

3. 忧遁唐友压片糖果

该产品采用忧遁草叶及其提取物，配以山药、沉香叶、甘草等，具有降血糖、降血脂及降血压的功效。

忧遁唐友压片糖果

（二十二）木薯叶系列产品

1. 木薯叶固体饮料

该产品是一种新型营养饮料，利用木薯叶富含叶蛋白及多种营养素的特点，采用先进复合酶工艺技术和科学配方精制而成，含有木薯叶中的多种营养成分，如蛋白质、氨基酸、维生素、矿物质、糖类等。该饮料色泽亮丽，清澈透明，酸甜可口，极具市场开发潜力。

2. 木薯叶挤压膨化食品

该产品由木薯叶强化黄酮类化合物和可溶性膳食纤维挤压膨化而成。木薯叶含有丰富的类胡萝卜素和黄酮类化合物（主要是槲皮素），具有较好的抗癌活性，同时还含有丰富的营养蛋白和氨基酸，经挤压膨化后，可溶性膳食纤维可增强木薯叶的营养及活性功能，是一种新型的膨化食品。

木薯叶固体饮料

木薯叶挤压膨化食品

（二十三）菠萝蜜产品

海蜜胶囊、海蜜速溶茶以海南菠萝蜜为主要原料，科学配伍葛根、乌梅等药食同源的中药，经现代提取工艺精心研制而成。研究发现，菠萝蜜、葛根、乌梅均具有解酒、醒酒、消酒毒的功效；乌梅还有生津止渴、去烦止吐等辅助缓解醉酒症状的功效；经动物实验及饮酒人群的试用显示出其解酒效果显著，该研究结果已经获两项国家发明专利保护。

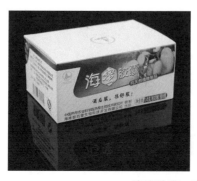

海蜜胶囊、海蜜速溶茶

（二十四）橡胶树保护药剂系列产品

1. 橡胶树割面营养增产素

该产品是依据橡胶树营养生理和产排胶特点，研制出橡胶树新型系列增产素。产品应用平均提高产量 5% 以上，割胶用工减少 30% 以上，死皮发病率相对降低 2/3，耗皮量减少 20%~40%，胶树经济寿命延长 1/4~1/3（8~10 年）。

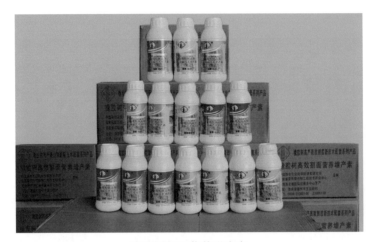

橡胶树割面营养增产素

2. 橡胶树多效割面保护剂

该产品由乳化剂、杀菌剂、防寒剂、营养物质和植物油配制而成。本品在割面上形成一层薄膜，不易被雨水冲掉，可保护割面安全越冬，具有减少条溃疡等割面病害的发生及促进橡胶树死皮恢复等功效，使用方便、成本低、效益大。

橡胶树多效割面保护剂

3. 橡胶树死皮康复营养剂

该产品为复方营养液，其主要成分包括大量元素钙、钾、镁和微量元素硼、钼等，以及植物提取物、抗菌成分等，不含任何刺激剂。用于橡胶树死皮防治，通过合理补充橡胶树死皮植株所需营养元素，使橡胶树死皮或停割植株恢复正常产胶和排胶，整体恢复率可达 60%。

4. 橡胶树褐皮病防治专用药——保 01

该产品是目前防治橡胶树死皮病最有效的化学药剂，能有效提高橡胶树皮内各种酶活性，促进胶树的各项生理活动，增强橡胶树本身的抗逆性及免疫能力，对病理性死皮有显著的治疗作用。在开割幼树上保护性施用，有显著防病效果，且干胶产量增长 10% 以上；在中轻病树上使用，对死皮有明显的控制及治疗作用。本药与乙烯利类增产刺激剂混合使用，能控制胶树长流，且不影响防病与增产效果。

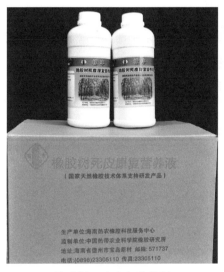

橡胶树死皮康复营养剂

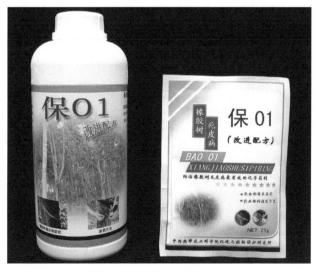

橡胶树褐皮病防治专用药——保 01

5. 保叶清热雾剂

该产品利用强内吸性低毒高效化学农药直接杀死病原菌，并通过强钝化剂的钝化作用有效抑制病原菌产生的重要致病因子（毒素）复配而成。对橡胶树及其他作物叶部真菌病害有预防、治疗和持续控制作用。

6. 橡胶树桑寄生防治专用药剂——灭桑灵

该产品为橡胶树桑寄生防治专用注剂，配制成本低，环境友好；采用树头钻孔施药法，安全简便，可有效防除成龄胶树的桑寄生。

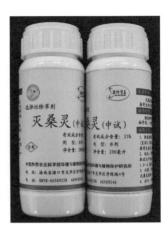

保叶清热雾剂　　　　　　　　　　　　　　灭桑灵

（二十五）地下害虫高效防治药剂——扫虫光

该产品为颗粒剂，低毒，高效，环境友好，具有良好的触杀、胃毒、熏蒸作用，不仅可有效防治地下害虫和线虫，还具有促进作物生长的优势。使用方便、安全、经济。适用于蔗根锯天牛、蛴螬、地老虎、白蚁及线虫等地下病虫害的防治。

地下害虫高效防治药剂——扫虫光

（二十六）根结线虫生防药剂——淡紫拟青霉

该产品属环境友好型药剂，富含多种活性物质和植物生长素，施用入土后，孢子萌发后可破坏线虫卵壳结构，通过消耗卵内养分，破坏卵内细胞和早期胚胎，同时分泌有机酸等毒素毒杀二龄幼虫。该菌剂培养方法于 2010 年获得国家发明专利（专利号：201010209110.0）。可用于果蔬根结线虫生物防治。

 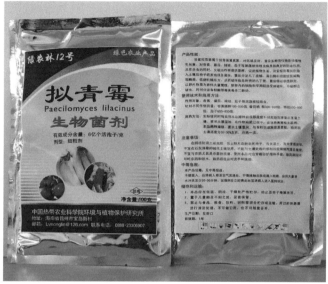

根结线虫生防药剂——淡紫拟青霉

（二十七）氨基酸生物液体肥

该产品是纯天然海洋生物提取高活性科技产品，含有丰富的氨基酸、多肽、活性酶及中微量元素等物质，能够有效激活作物体内的酶，促进作物的细胞分裂，可以促进枝叶发芽、花果的生长，加速叶绿素的合成和光合作用。能够促进分蘖，保花增绿，强根壮株。可以为作物高效输送营养物质，从而提高肥料促生长的作用效果，提高作物产量和品质。

氨基酸生物液体肥

富帝高牌含腐殖酸水溶肥料

有机肥（双级发酵）

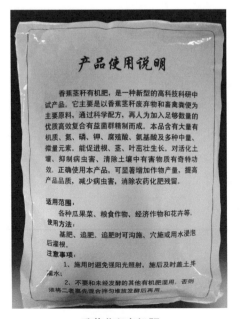

香蕉茎秆有机肥

（二十八）富帝高牌含腐殖酸水溶肥料

该产品是基于国家发明专利技术配制而成的酸性土壤改良降镉肥，其属性为强碱性的高效含腐植酸水溶性肥料，主要有改良酸性土壤、抑制土传病害、抑制重金属、培肥地力的功能。适用于各种农作物栽培的酸性土壤改良和施肥。其肥料具有碱性、高肥效优势。

（二十九）有机肥（双级发酵）

该产品是以畜禽粪便、农作物秸秆等废弃物为原料，采用干法厌氧耦合高温好氧发酵的先进双级发酵工艺，产出优质弱碱性有机肥；富含有机质、腐殖酸和氨基酸等物质；可有效改良土壤性状、保水保肥、提高作物抗逆性，有效预防病虫害发生，抗重茬效果好；通过沟施或撒施覆土，适用于蔬菜、果树及大田类作物基肥和追肥。

（三十）香蕉茎秆有机肥

该产品是通过采用高温堆肥发酵技术，利用香蕉茎秆废弃物为主要原料堆制而成的有机肥料，该产品既解决香蕉废弃物本身和农作物生产过程中施用化肥对环境的污染问题，又提高资源的再利用，符合当前低碳农业发展趋势。经检测，该肥有机质含量 ≥ 30%，NPK 养分总含量 ≥ 6%，达到了国家关于有机肥料行业标准的要求。产品含有丰富的有机物质，能有效改良连作障碍土壤，增强土壤保水保肥能力，促进作物生长。适用于各种瓜果菜、粮食作物、经济作物和花卉等。

（三十一）椰子专用肥料伴侣

该产品是根据椰子全生产周期所需营养供给情况，结合市场现有复合肥及有机肥主要营养元素配比情况，发明生产的椰子专用肥料伴侣（Ⅰ型、Ⅱ型、Ⅲ型、Ⅳ型）。该肥料伴侣结合肥料使用可以显著补充椰子生长所需的必要营养元素，解决椰子树生长营养失衡问题，提高施肥有效性，增加椰子产量30%以上。

椰子专用肥料伴侣

五、新材料

（一）炭化橡胶木地板

该橡胶木经过高温炭化（高温热处理）处理后，减小了木材的平衡含水率，提高了尺寸稳定性，同时木材组分发生物理化学反应，改变了结构成分，减少了腐朽菌的营养物质，提高了处理材的耐腐性能，并赋予木材类似热带硬木的深褐色外观，处理后的材色典雅悦目，可广泛用于地板、家具、装饰及户外园林景观。橡胶木经过高温炭化及防白蚁处理，制得的炭化橡胶木实木地板尺寸稳定性优良，颜色典雅美观，类似热带硬木，能抵抗蛀虫和白蚁蛀蚀，可以在潮湿的南方和干燥的北方室内使用，克服了橡胶木不易制作大幅面实木地板的问题，增加了橡胶木的附加值。

炭化橡胶木

（二）表面带有绒毛的地膜

暴风雨后、农作物易暴发病害的原因是，农作物受到暴风雨袭击后出现伤口、抵抗力下降，当暴雨溅起农田带有病原菌的泥水、落在抵抗力下降的植株上，就可能造成植株发病。中国热带农业科学院研发出一种新型地膜——绒毛地膜，该地膜铺在田间除了具有传统地膜的功能外，还可在风雨天防止带菌泥水溅到植株上引起的植物病害，切断了土壤中的病原菌传播到作物的途径。该产品已推广应用于黄瓜、豆角、西瓜、香瓜等多种作物的生产中，比用普通地膜增产 11.2%~97.9%。

种在绒毛地膜和普通地膜上的香瓜长势比较

（三）香蕉纤维纺织品

香蕉纤维利用香蕉茎秆为原料，主要是由纤维素、半纤维素和木质素组成，化学脱胶后的纤维可用于棉纺。采用生物酶和化学氧化联合处理工艺处理，经过干燥、精练、解纤而制成的纤维，其具有质量轻、光泽好、吸水性高、抗菌性强、易降解且环保等功能。通过利用预碱处理和蒸汽爆破结合的方式对香蕉纤维进行提取和脱胶，既能有效提高香蕉纤维得率，又可降低香蕉纤维残胶率，同时避免环境污染，开辟了香蕉茎秆纤维提取和脱胶的新途径，所处理获得柔顺洁白的香蕉纤维具有表面挺括，吸湿透气等优点，可用于家纺、装饰、旅游纪念品设计制作等，有利于进一步提升蕉园废弃物资源的综合利用值和产品附加值。

香蕉纤维

（四）菠萝叶纤维

菠萝叶纤维是由中国热带农业科学院自主研发的半自动刮麻机提取出来的一种叶脉

纤维，经过脱胶、养生、软麻和梳理等精细化加工处理，获得了一种外观洁白，柔软爽滑，具有天然杀菌、除臭、防螨三大特性的菠萝叶纤维，可与天然纤维或合成纤维混纺。目前，已建立我国第一条菠萝叶纤维加工中试生产线，初步形成从纤维提取到纺织品加工的产业链，所织制的织物容易印染，吸汗透气，挺括不起皱，穿着舒适。成果获得各级科技奖项 10 项，其中国家科技进步奖二等奖 1 项，省部级科技奖 4 项。

抗菌袜系列

（五）废弃物料绿色高效增强天然橡胶复合材料

针对传统天然橡胶增强填料价格较高及填充制备天然橡胶产品技术落后等突出问题，利用废弃物料棕榈灰、磷矿渣、贝壳粉和稻壳灰制备绿色高效增强橡胶复合材料，提出了"湿化学改性、相似相容、超声分散"三位一体的废弃物料改性技术和改性方法新思路，筛选出改性效果良好的 2 种改性剂，研创了棕榈灰、碳酸钙等废弃物料原位改性复合增强技术，开发了 9 种优质橡胶复合材料。成果获得了 2015 年海南省科学技术进步奖二等奖。

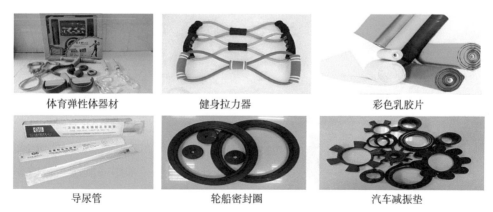

体育弹性体器材　　　健身拉力器　　　彩色乳胶片

导尿管　　　轮船密封圈　　　汽车减振垫

废弃物料绿色高效增强天然橡胶复合材料

（六）新型恒黏天然橡胶

恒黏天然橡胶是一种经过长期贮存一段时间后，其天然橡胶的门尼黏度、华莱士塑性初值等指标的变化很少的天然橡胶材料。目前，国内外主要采用羟氨、联氨、肼等胺类化合物对天然橡胶分子链上的醛基进行保护，制备恒黏天然橡胶。但羟氨或联氨与天然橡胶分子链上的醛基缩合形成的肟或吖嗪结构并不稳定，干燥时容易分解，失去对天然橡胶门尼黏度的控制效果。另外，羟氨和肼有毒，甚至致癌，许多国家限制使用。中国热带农业科学院通过采用硫醇类化合物对天然橡胶分子链上的醛基进行保护，抑制初加工及贮存过程中天然橡胶分子链之间的交联，制备恒黏天然橡胶，有效控制天然橡胶的华莱士塑性初值和门尼黏度的变异（贮存硬化值）不超过 5 个单位，且所选用的硫醇类化合物为橡胶工业常用的配合剂，与醛基的缩合产物非常稳定，保障了恒黏天然橡胶的使用安全。

新型恒黏天然橡胶材料

（七）橡胶树小筒苗

该材料为 2 篷叶全苗，接穗直径 4~5 mm，主根长 ≥ 35 cm，根系发达且不卷曲，根尖处于生长状态，且全苗重量轻，整株全重约 0.5 kg，苗木质量明显优于现有其他橡胶树苗木，便于搬运，运输成本低，采用捣洞法定植效率比传统技术快 1 倍，便于山区进行种植，省工省时。

橡胶树小筒苗

（八）橡胶树袋育苗

该材料是将袋育实生苗进行芽接，继续培育出的芽接苗为袋育芽接苗，将地播苗圃里育出的芽接桩移植到袋里培育而成的芽接苗为袋装芽接苗。袋苗可缩短大田非生产期 0.5~1 年；从春季至秋季均可定植，尤其适合于春季干旱比较严重的地区采用；定植成活率高，苗木生长均匀，林相整齐。

橡胶树袋育苗

（九）橡胶树自根幼态无性系苗（组培苗）

该材料是以橡胶树花药、内珠被等外植体初生体胚发生为基础，通过"克隆"（组培）技术繁育出的橡胶树种苗，是一种新型、高效的橡胶树种植材料。该种苗较传统种植材料生长快 10%~20%、增产10%~30%。

橡胶树自根幼态无性系苗（组培苗）

（十）油棕组培苗

该材料是以油棕花、叶等外植体初生体胚发生为基础，通过"克隆"（组培）技术繁育出的油棕种苗，是一种新型、高效的种植材料。该种苗较传统种植材料生长快、品种纯度一致；该种苗的繁育技术以花药等外植体为繁殖材料，通过实验室直接诱导成苗，不需要经过传统的采种、播种、转袋等育苗程序，且可以实现工厂化生产，大幅提高了育苗效率。

油棕组培苗

六、新模式

（一）天然橡胶科技航母发展模式

高性能天然橡胶

天然橡胶作为唯一可再生的现代工业基础原料和国家战略物资，具有不可替代的战略地位。2014年中国热带农业科学院启动天然橡胶科技航母建设，围绕"提质增效"推进全产业链科技发展布局。选育出不同推广等级新品种14个，世界上首次实现了橡胶树组培苗的规模化生产；推广的新割胶技术大幅度提高了割胶劳动生产率，农垦系统推广率达97.5%；研发的4GXJ-1型手持便携式电动胶刀，效率较传统胶刀提升30%，出口1 200余台；推广的15种林下种养间作模式提高胶园综合效益50%以上；研发的橡胶木高温热改性生产炭化木工艺在多家企业推广应用；制备的军用减振密封用天然橡胶，打破了高性能天然橡胶在国防领域完全依赖进口的局面，极大地促进了我国天然橡胶产业升级。

（二）橡胶林全周期间作模式

该模式在采用直立橡胶树树形品种和宽窄行种植形式建立胶园，空旷的大行间（约占胶园面积50%或以上）可供发展多种作（植）物生产。在不增加投资、不明显减少干胶产量和提高胶园抗风能力等的前提下，可大幅增加胶园产出，胶园土地利用率达150%以上；全周期间作模式单位面积干胶产量约为常规胶园（株行距3 m×7 m）产量的95%，差异不显著。在无乙烯利刺激条件下，定植11年后（开割第5年），全周期间作模式的干胶产量达100 kg/亩以上。全周期间作模式在幼龄胶园和成龄胶园时期的间作面积可达

橡胶林下间种魔芋

橡胶林下间种南药

67% 和 50%，明显高于常规胶园的 42% 和 42%（胶作距均为 2 m，对橡胶树生长有一定的影响），在种植相同作物的条件下，间作产量和效益明显增加。间作期间的胶作距分别为 2 m 和 4 m，也明显大于常规胶园，即间作对橡胶树生长和产量的影响更小。由于大行间达 20 m，间作区域的光照资源明显多于常规胶园（7 m），因此，可供选择的间作物种类更多，不必局限于耐阴性作物，而常规胶园开割后间作物必须采用强耐阴作物（如砂仁、益智等）。与常规胶园肥坑施肥方式不同，全周期间作模式采用小行通沟施肥方式，尤其适宜机械化施肥压青等操作，省工省时。全周期间作模式橡胶树的株距为 2 m，比常规胶园少 1 m，可以减少胶工割胶时行走的距离，节省胶工体力，提高割胶效率。可增加劳动就业岗位，增加胶农经济收入。

（三）"科研、开发、旅游三位一体"园区发展模式

促进农村一二三产业融合发展，是转变农业发展方式、探索我国特色农业现代化道路的必然要求。1997 年以来，中国热带农业科学院以市场需求为导向，将现代科技、生产方式和经营理念引入热带农业，创建"科研、开发、旅游三位一体"兴隆热带植物园发展模式，推进资源保存、试验示范、产品开发、科普旅游、生态保护为一体，实现了科技、经济和生态一体化发展，先后被授予首批"全国农业旅游示范点""全国科普教育基地""全国休闲农业与乡村旅游示范点"，成为热带特色作物资源保护和利用可持续发展的样板，有效推动休闲农业和乡村旅游发展，带动产业竞争力明显提高，促进当地农民就业和持续增收，已成为地区农村一二三产业融合发展的典型示范。

"科研、开发、旅游三位一体"兴隆热带植物园

（四）攀枝花芒果"院市"科技合作模式

我国为世界第四大芒果生产国，种植面积约 200 万亩。中国热带农业科学院通过 10 多年对芒果产业技术研究与示范，审（认）定品种 20 多个，其中 10 个成为国内主导品种，良种覆盖率达 90% 以上，构建了鲜果周年供应技术体系，推动形成早、中、晚熟优势区域布局。在海南，选育出'台牙''红玉'等 6 个海南省早熟、抗病主栽品种，累计推广 70 万亩，单产增长

四川攀枝花芒果基地

51.42%。在攀枝花，1997 年起开启"院市"科技合作，选派 20 多人次科技骨干到市里挂职科技副区（县）长及对口科技服务，筛选'凯特''红芒 6 号''热农 1 号'等主栽品种，延长了我国芒果供应期近 4 个月，将攀枝花芒果打造成为年产值 24 亿元的国内"海拔最高、纬度最北、品质最优、成熟最迟"的晚熟芒果优势产业带，成为该地区几十万名农民的致富产业。

（五）香蕉产业技术试验示范推广一体化模式

香蕉产业技术试验示范推广一体化模式

香蕉是全球第一大水果，我国是世界第三大香蕉生产国，种植面积 590 万亩。中国热带农业科学院牵头香蕉国家产业技术体系建设，培育有抗叶斑病、抗枯萎病等香牙蕉等优良品种，在全国建立 11 个综合试验站，69 个标准化示范基地。建成了海南省规模最大的种苗繁育技术研发与示范基地，开展巴西蕉组培苗快繁技术推广和工厂化生产，满足产业快速发展对优质种苗的需求；在海南临高建设的香蕉标准园被部评为热作标准果园，成了无围墙的培训学校；通过示范推广应用优良品种和病害综合防治技术，有效地促进了我国蕉农生产经营水平的提高，促进全国香蕉产业升级。其中带动云南省香蕉种植面积由 20 万亩低水平蕉园发展到 140 万亩高产优质蕉园，成为全国的香蕉主产地之一。

（六）甘蔗"水肥药一体化"精准施用模式

甘蔗是制糖的主要原料，我国植蔗面积 1 800 多万亩，位居世界第三。近年来，中国热带农业科学院围绕甘蔗产业技术，培育了宿根性极强的'中糖 1 号'、高抗黑穗病的'中糖 2 号'等优良品种 5 个，构建以甘蔗脱毒种苗为核心的高效良种繁育技术体系；研发了甘蔗"水肥药一体化"精准施用和农机农艺配套栽培技术，实现了甘蔗耕、种、管、

甘蔗"水、肥、药一体化"示范基地

收全程机械化生产；集成利用新品种脱毒种苗、耕种管收机械化、水肥药一体化等技术，构建甘蔗高效、轻简、低耗、安全栽培技术体系，实现提高产量20%、提高蔗糖分0.5个百分点、减肥减药25%、节约用种量60%。在广西等全国主产区建立示范基地，推广应用综合技术250多万亩，助推农民脱贫致富，过上甜蜜蜜的日子，有效地支撑了甘蔗产业的发展。

（七）木薯品种带头、技术铺路"走出去"模式

木薯是热带地区人民日常的主要食物之一。中国热带农业科学院牵头木薯国家产业技术体系建设，育成"华南"系列新品种14个，约占我国木薯种植面积的80%。在海南、广西等地引导种植户同步参与试验、示范及推广，节约生产成本40%~60%，助力农民脱贫增收。服务国家"一带一路"建设，通过品种带头、技术铺路，加快产业"走出去"，在乌干达建立新品种推广与生产示范园8个，平均产量是当地的2倍以上；在柬埔寨与企业合作建设"热科院－柬埔寨农业试验站"，推广新品种30多万亩；在尼日利亚建设"中国－尼日利亚木薯中心"；在刚果（布）试验推广新品种，解决当地粮食安全问题，成为中刚合作的典范。

木薯品种带头、技术铺路"走出去"模式

（八）椰园生态种养高效发展模式

该模式在椰园进行了大量的椰园间种和养殖试验研究，在椰园进行科学合理的种养生态模式，以利于椰园的效益最大化。经过筛选研究，在幼龄椰园筛选出了间种柱花草的牧草种植模式；在成龄椰园筛选出了间种坚尼草和网脉旗草的间种模式。进行了椰园间种菠萝、花生、西瓜等经济作物的高效生产模式研究，其中间种西瓜最为成功，为椰园节约了

大量的生产成本。在椰园的养殖研究中，养鸡、养猪的生态模式试验研究最为成功，已摸索出了椰园养鸡的最佳密度的养殖模式，在椰园养猪做到了养分的合理循环利用。

椰子林下间种可可 　　　　　　　　　　　　　椰子林下养鸡

（九）剑麻园种草控草养地养麻生态间作模式

剑麻园地处南亚热带，雨季时间长，杂草危害严重。该模式是通过种草建立优势地面覆盖种群来替代和控制杂草，达到以草治草的目的。经过多年筛选研究，确定了适合剑麻园的豆科覆盖植物——平托花生，示范种植面积达 1 000 多亩，起到了保持水土、改善土壤理化性质、增加土壤有机质和控制杂草的养地养麻效果。

剑麻园种草控草养地养麻生态间作模式

（十）槟榔间作高效栽培模式

槟榔/香草兰或咖啡间作栽培模式能够使作物协调发展、相互促进，充分发挥了作物空间互补和养分吸收差异优势，提高土地利用率和土壤养分资源，达到化肥和农药（草甘膦）减肥，实现农林资源共享、优势互补、协调发展和改善生态环境，提高系统生物多样性指数，有利于生态平衡的自然法则，有利于提高槟榔营养成分和生产能力，发展间作栽培模式前景广阔。技术应用后，生产成本降低 30% 以上，槟榔和香草兰产量增加 20% 以上，咖啡提高 30% 以上，增加经济效益 2.0 万~2.5 万元 / 亩。目前已

槟榔间作高效栽培模式

在海南万宁、琼中建立示范基地 1 000 亩以上，土地利用率提高 40% 以上该技术可在海南全省推广应用。

（十一）海南"三棵树"林下间作斑兰叶模式

针对海南"三棵树"林下资源闲置、经济效益低下等限制经济林产业发展的瓶颈问题，研发"三棵树"林下间作斑兰叶高效栽培技术。林下种植 10~12 个月即可收割，每亩产值可达 4 000 元以上，收益见效快、经济效益明显，是林下种植的优势作物。该技术破解了"三棵树"林下资源闲置、非生产周期长和价格波动导致收入不稳定的难题，还丰富了农林生态系统物种多样性，减少了有毒有害农田投入品的使用，改善了土壤和生态环境质量。

椰子林下间作斑兰叶　　　　　槟榔林下间作斑兰叶　　　　　橡胶林下间作斑兰叶

（十二）肥药两减绿色果园发展模式

香蕉、荔枝、芒果等热带果树是我国热区农民收入的主要来源，种植面积 1 700 多万亩，由于果农施肥施药主要依靠经验和感觉，导致果园大肥、大药成为普遍现象。一般果园肥料的施用量是吸收量的 2.5~5 倍，农药施用也存在喷施次数多、用量大、乱混乱配

等现象，其中杀虫剂、杀菌剂用量是发达国家用量的 3 倍以上。通过集成香蕉、荔枝、芒果三种水果"两减"（减肥、减药）技术体系，扩大示范应用，重构绿色生态果园。一是研究土－肥－水－药－树协同机制和肥药减施潜力，制定化肥限量标准和病虫防治指标；优化化肥"三替"（生物有机肥、枝叶还田、绿肥种植）和农药"四替"（生物防治、免疫诱抗、诱杀控制、生态调控）技术；熟化配方施肥、水肥一体化、精准施药、机械化施肥施药等技术；研发优选绿色农药（天敌）、绿色肥料、控释肥、水溶肥及新型器械等。二是以生态为单元，对化肥和农药替代、高效施肥施药等技术进行组装配套，优化水肥药协同、多病虫综合防控措施。以作物为主线，根据不同的种植方式，集成 8 个肥药减施模式：香蕉 3 个（新植蕉、宿根蕉、山地蕉）、荔枝 2 个（早熟、中晚熟）、芒果 3 个（早熟、中熟、晚熟）。三是在不同优势产区建立核心示范区，将技术属地化、轻简化和可视化，探索多部门、跨系统协同推广新机制，研究技术推广新方法。芒果农药减施技术方案可减量 35%~45%，香蕉化肥农药减施技术方案可减量 30%~40%。

预测预报　　生物防治　饵剂诱杀　物理防治

土壤病菌检测　　　　　　土壤调理

新型农药　　免疫诱抗　　新型助剂

生物菌肥、碱性肥　　　　　抗病品种

新型施药器械

栽培管理

芒果农药减施技术方案，减量 35%~45%　　　**香蕉化肥农药减施技术方案，减量 30%~40%**

肥药"两减"绿色果园发展模式

（十三）热区立体循环生态农业技术集成模式

本技术利用热区大量存在的香蕉、木薯、甘蔗、蔬菜、食用菌渣等废弃物作为蚯蚓和黄粉虫的养殖饲料，生产出高级的有机肥料和设施栽培基质及高蛋白质蛋鸡添加料，通过集成热区立体循环生态农业技术，大大提高种养集约化生产水平，并有效形成了种植和养殖相结合的循环体系，既极大降低了种养成本又净化了环境。

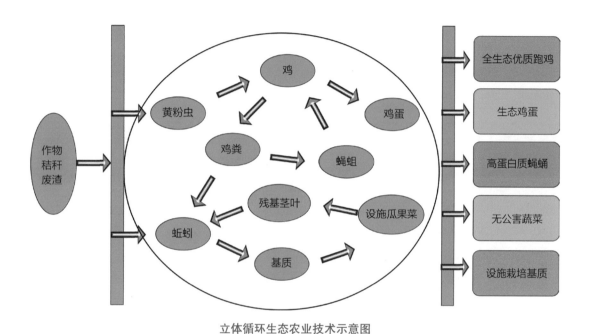

立体循环生态农业技术示意图

（十四）草畜一体化循环养殖模式

建立资源节约型、环境友好型草畜一体化循环养殖，是既保粮食满仓又保绿水青山，促进热区畜牧业可持续发展的有效途径。中国热带农业科学院推广可复制、易推广的"黑山羊–沼–草""牛–沼–草""猪–沼–草""林（果）–草–畜"等热带草畜一体化循环养殖技术模式，整体效益提高30%以上，畜禽粪便无害化处理达到98%以上，为我国热区精准扶贫，乡村振兴提供了很好的科技支撑和引领示范。

（十五）农业废弃物资源化综合利用模式

面向资源、能源与环境等重大问题，创新农业废弃物能源化利用技术。重点开展秸秆、畜禽粪污等农业废弃物能源化、肥料化、基料化等利用，构建秸秆、畜禽粪污资源化综合利用模式，为减少农业面源污染、提高废弃物资源利用率、改善生态环境提供技术支撑。

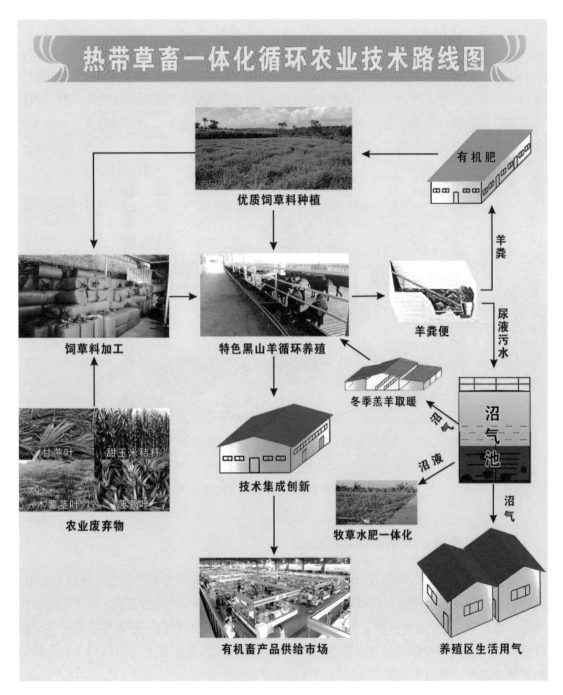

热带草畜一体化循环农业技术路线图

优质饲草料种植

有机肥

饲草料加工

特色黑山羊循环养殖

羊粪便

羊粪

尿液污水

农业废弃物

甘蔗叶　甜玉米秸秆

木薯茎叶　菠萝叶

冬季羔羊取暖

沼气池

技术集成创新

牧草水肥一体化

沼液

沼气

有机畜产品供给市场

养殖区生活用气

"黑山羊－沼－草"生态模式

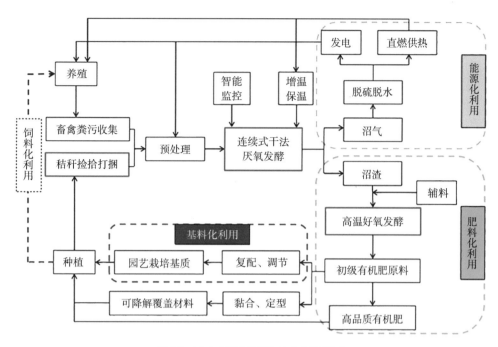

秸秆、畜禽粪污资源化综合利用模式

（十六）石漠化治理与生态循环发展模式

贵州省是我国石漠化的核心区，也是国家重点扶贫攻坚区，而兴义市又是石漠化最具代表性的地区之一。2015 年，中国热带农业科学院与贵州省农业科学院在兴义市南盘江镇田房村共建的第一个"石漠化地区改造示范点"；2016 年，中国热带农业科学院与贵州科技厅、贵州省农业科学院、黔西南州政府签定扶贫攻坚科技合作"四方"协议，以现代特色热带果树产业为核心，推广"果 – 草（药）– 畜（禽）– 沼 – 肥"生态循环发展模式，示范点农户收入是传统种植作物收入的 4 倍，有效支撑热带山地绿色高效农业可持续发展，成功打造石漠化地区石漠化治理与产业扶贫新模式——贵州兴义模式，助力黔西南州决战脱贫攻坚效果明显。

石漠化治理与生态循环发展模式

（十七）热作农机农艺融合模式

多功能履带式小型山地遥控作业机

农业机械化是现代农业建设的重要科技支撑。近年来，中国热带农业科学院围绕天然橡胶、木薯、甘蔗、山地林果等热作产业发展需求，结合农机农艺融合模式，重点开展种植、中耕、采收与加工环节工程技术的集成与创新能力提升行动，开发系列成熟热作技术装备 40 多种，不断提升热作产业支撑能力。积极为企业、农机合作社、种植大户等提供甘蔗、木薯、橡胶生产机械化技术服务，为政府农机管理部门提供"互联网＋"农机深松整地技术与机插秧技术科技服务，近 3 年累计推广面积 130 万亩以上，出口印度尼西亚、柬埔寨、泰国等"一带一路"沿线国家技术设备 50 台套，为热区乡村振兴和农业机械"走出去"做出了积极贡献。

（十八）"互联网＋"热带现代农业发展模式

针对我国热带农业和热区农村信息化的重大需求，中国热带农业科学院构建了一系列智能热带农业系统平台，强化互联网、物联网、大数据等现代信息技术运用，有效促进"互联网＋"热带现代农业发展。目前，运行的平台有热带农业大数据平台、海南耕地质量改良信息共享平台、海南农产品交易市场信息服务平台、龙山县百合质量安全追溯系统、热带农业科技服务微信公众号、热带作物12316 短信服务平台等，为热带现代农业产前、产中、产后提供信息支撑和服务；积极发展"互联网＋"农业组织，利用线上和线下资源年组织培训农业经营主体带头人、新型职业农民和基层农技推广员等 2 万多人次。

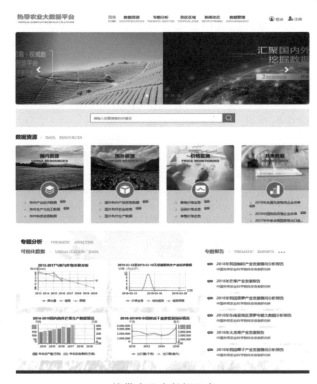

热带农业大数据平台

（十九）"媒婆式"精品果园科技服务模式

拥有"绿水青山"的城市周边欠发达乡村具有发展都市休闲农业的巨大潜力，中国热带农业科学院与贫困村、贫困户相融合，建立了以"'媒婆式'合作团队＋基地＋农户"精品果园科技扶贫综合服务体系。以'琼丽'等精品西瓜、葡萄等优良品种为基础，熟化绿色防控、肥水一体化等技术 10 多项，应用设施高效立体栽培模式，创新"一苗三收""双蔓双果"等节本增效技术，精品西瓜平均销售价格高于普通西瓜 3~4 倍。全程生态化种植，极具观赏价值、绿色安全、外观口感独特的精品西瓜吸引市民前来采摘体验，满足市场对高品质农产品的需求，突显了科技扶贫效果。

"媒婆式"精品果园科技服务模式